个体行为安全治理研究

石 娟 王艳芳 著

U0221296

科 学 出 版 社

北 京

内 容 简 介

本书从个体行为的概念及特征出发，以大学生、企业员工为研究对象，深入分析两者危机行为产生的影响因素以及因素之间的联动关系，并在此基础上提出防控个体危机行为发生的有效对策。本书理论与实践相结合，一方面深入分析国内外学者对不同个体危机行为产生的影响因素等方面的理论研究；另一方面通过设计情景模拟实验以及运用 DEMATAL 模型、系统动力学仿真等科学的研究方法，得出个体危机行为产生的内在机理，并提出切实有效地防控个体危机行为发生的对策建议，为个体行为的安全治理提供了新思路、新途径。

本书具有一定的学术价值，可供从事人因工程、安全行为等方面研究的人员及负责安全管理的人员阅读与参考。

图书在版编目（CIP）数据

个体行为安全治理研究 / 石娟，王艳芳著. —北京：科学出版社，2023.2

ISBN 978-7-03-071573-9

Ⅰ．①个…　Ⅱ．①石…　②王…　Ⅲ．①安全生产－安全管理－研究　Ⅳ．①X931

中国版本图书馆 CIP 数据核字（2022）第 029397 号

责任编辑：徐　倩 / 责任校对：贾娜娜
责任印制：张　伟 / 封面设计：有道设计

科 学 出 版 社 出版
北京东黄城根北街 16 号
邮政编码：100717
http://www.sciencep.com
北京虎彩文化传播有限公司印刷
科学出版社发行　各地新华书店经销

*

2023 年 2 月第 一 版　开本：720 × 1000　1/16
2023 年 2 月第一次印刷　印张：14
字数：282 000
定价：168.00 元
（如有印装质量问题，我社负责调换）

序

习近平总书记在十九届中央国家安全委员会上曾提出:"坚持人民安全、政治安全、国家利益至上的有机统一,人民安全是国家安全的宗旨,政治安全是国家安全的根本。"[①]社会主义精神文明建设的重点,是思想道德体系和先进文化的建设,这也是和谐社会建设的重要方面。和谐社会是个人自身的和谐,是人与人之间的和谐,是社会各系统、各群体之间的和谐,是个人、社会与自然之间的和谐,这是推进社会主义物质文明、政治文明、精神文明发展的重要基础。然而近年来,学校学生伤害事件、企业安全事故等一系列事件成为困扰我国经济发展、阻碍社会和谐发展的重要问题。

天津理工大学石娟教授在行为安全领域具有长期的研究经验,作者以前期的研究成果和实践经验为基础,从行为发生的主体入手,对个体发生危机行为事件展开了系统的研究,并对研究过程和研究成果进行整理,完成了该书的撰写。该书以减少个体危机行为发生为目标,以大学生、企业员工为研究对象,从个体行为及行为特征入手,探究个体危机行为发生的影响因素,明确影响因素之间的联动效应,从错综复杂的关系中揭示个体危机行为的产生机理;同时,该书为提出行之有效的应对措施,运用系统动力学模型对个体危机行为的变化趋势进行定性分析,然后量化处理指标体系,定量分析各影响因素对大学生危机行为的影响态势,确保应对措施的有效性。作者指出,在安全这个巨大的系统中,"人"占据着最为核心的地位,人的行为安全是家庭和睦的重要组成部分,也是社会安全的关键。该书不仅从行为人个体层面提出了防控危机行为发生的建议,同时也在政府和社会层面对防控个体危机行为提出了针对性建议,扩展了个体危机行为理论的研究,为个体行为安全研究框架的形成与发展提供了参考,为减少个体危机行为,同时对今后进一步深入研究个体行为安全治理问题提供理论框架和指导,促进社会和谐发展具有一定的理论意义及现实意义。

此外,该书作者长期致力于安全领域的理论思考,以解决现实问题为目标,多次对企业安全现状展开调研,走访多家企业并获得了大量第一手资料。同时为确保理论的充实性与结论的真实性,作者采用基于情景模拟的行为实验研究方法探索危机行为的传播模式。运用解释结构模型、演化博弈等方法对不同个体的不

---

① 习近平主持召开十九届中央国家安全委员会第一次会议并发表重要讲话. [2018-04-17]. http://www.gov.cn/xinwen/2018-04/17/content_5283445.htm.

安全行为进行研究，从政府、企业、学校与个体层面提出了针对性的建议，为有效减少个体危机行为提供了研究思路和理论补充。作者依托天津市哲学社会科学规划重点项目"制造类企业员工不安全行为的影响因素作用机理及管理对策研究"（项目编号：TJSR16-004）和国家自然科学基金项目"基于情景模拟的大学生危机行为产生机理及防控策略研究"（项目编号：71603181）等课题取得的阶段性研究成果，进一步从理论层面对个体危机行为做出了深入研究，具有重要的学术价值。

该书从社会中个体危机行为的角度出发，将情景模拟方式引入研究，为行为安全领域的研究提供了新的研究范式，拓展了研究思路，丰富了有关理论，为学者学习相关领域的研究方法、视角及理论提供了系统的知识体系，并基于研究成果分别从政府、企业、学校及个人的角度提出了切实可行的解决对策，为个体防控危机行为的发生提供了保障，为社会减少安全事故的发生提供了具体措施，为个体行为安全管理提供了具体方案。总体来说，该书不仅从理论层面弥补了以往学者对个体危机行为研究的不足，同时也从实践层面对社会、企业和学校有很好的指导作用，具有较强的实用性和推广价值。

2022 年 9 月于天津

前　　言

个体危机事件对社会经济、人身安全造成严重影响，探究减少个体危机行为的措施至关重要。个体是危机行为发生过程中的主要行为人，是行为安全治理的关键点，所以，从行为人的视角探究行为安全治理的措施具有重要的意义。本书以大学生与企业员工作为研究对象，从个体危机行为影响因素视角出发，探究个体危机行为影响因素之间的联动关系，明确个体危机行为产生的机理，寻找防控个体危机行为发生的有效途径。

近年来，高校学生危机行为事件和企业安全生产事故偶有发生，对社会造成了巨大的经济和人力损失，相关调研数据整理及文献分析也得出，个体危机行为的发生绝非单一化因素酿成悲剧，而是多种因素相互交织作用的结果。只有当行为人受到影响因素的作用时，才会产生危机行为，因此，加强对于行为主体的管控，有利于从根本上预防并遏制不安全行为的发生。针对这一现实，通过扎根理论探究影响个体危机行为的影响因素，通过解释结构模型、Fuzzy-DEMATAL 模型以及情景模拟方法探索各影响因素之间的联动关系，利用系统动力学模型对个体危机行为防控系统进行量化仿真分析，给出针对个体危机行为的对策、建议，从而减少个体危机行为的发生，为行为安全治理提供依据。

本书共分为 14 章，第 1 章主要阐述行为的相关概念及理论基础，并对书中使用的模型进行简单的介绍；大学生危机行为篇共 4 章，第 2 章主要阐述大学生危机行为的研究背景与现状，第 3 章主要介绍大学生危机行为的影响因素，第 4 章定量分析大学生危机行为的产生与相关对策的提出，第 5 章是对大学生危机行为篇的总结；企业员工不安全行为篇共分为 4 章，第 6 章介绍企业员工行为研究的相关背景与现状，第 7 章探究员工不安全行为的影响因素，并针对影响因素对员工的影响进行实证分析，第 8 章提出改善员工不安全行为水平与提高心理咨询水平的相关措施，第 9 章是对企业员工不安全行为篇的总结；企业员工心理咨询篇共分为 5 章，第 10 章是员工心理咨询行为相关概述，第 11 章构建员工心理咨询行为模型并进行仿真，第 12 章对提出的对策进行实证研究，第 13 章是对企业员工心理咨询研究的总结；第 14 章是对今后研究重点的展望，主要阐述从行为产生研究到行为传播研究的必要性，由行为产生研究转为行为传播研究。

希望本书的出版能为行为安全管理的研究提供理论依据及解决问题的研究范

式，为减少个体危机行为的发生提供对策建议参考，进一步改善社会现状，保障社会和谐稳定地发展。

本书的撰写主要依托天津市哲学社会科学规划重点项目"制造类企业员工不安全行为的影响因素作用机理及管理对策研究"（项目编号：TJSR16-004）、国家自然科学基金项目"基于情景模拟的大学生危机行为产生机理及防控策略研究"（项目编号：71603181）、天津市科技计划项目"重大节日期间企业员工不安全行为预警与监管对策研究"（项目编号：18ZLZXZF00250）、天津市科委科普项目"高校校园危机防控手册的编制与发放"（项目编号：16KPXMSF00050），并得到相关单位及个人的大力配合与支持，在此表示感谢。另外，本书的出版还要特别感谢科学出版社的大力支持。

本书由石娟主持撰写，指导课题组统稿，由王艳芳负责修订。各章撰写分工如下：第 1 章由张艺凡撰写，第 2 章由邢建朋撰写，第 3 章由石阳撰写，第 4 章和第 5 章由刘洋撰写，第 6 章和第 7 章由刘兆雨撰写，第 8 章由白臻玉撰写，第 9 章、第 10 章由郑光宇撰写，第 11 章由张蒙撰写，第 12 章、第 13 章和第 14 章由马如亿撰写。本书在撰写过程中参考了许多中外专家学者的著作和科研成果，在此，谨对原作者和研究者表示最诚挚的谢意！

由于作者水平有限，书中难免存在不足之处，敬请各位专家学者及广大读者批评指正。

目　　录

第三篇　企业员工心理咨询篇

第1章 导　　论

1.1　行为基本原理

1.1.1　行为的概念与特征

1. 行为的概念

什么是行为？其基本释义理解为举止行动，指受思想支配而表现出来的外部活动。

德国心理学家勒温（K.Lewin）把行为定义为个体与环境交互作用的结果，引入了"个体"的变量，提出了人的行为的基本原理表达式：

$$B = f(P \cdot E)$$

式中，B 为人的行为；P 为个人的内在心理因素；E 为环境的影响（自然、社会）。

上式表述了人的行为（B）是个人的内在心理因素（P）与环境的影响（E）相互作用而生成的函数或结果。这里的变量"个人"和"环境"不是相互独立的，而是相互关联的两个变量。

日本的鹤田依据上述模型，继而提出了事故发生模型：

$$A = f(P \cdot E)$$

式中，A 为事故的发生；P 为个人的内在心理因素；E 为环境的影响（自然、社会）。

上式表述了事故的发生（A）也是同时受到个人心理因素和环境影响的作用，是个人的内在心理因素（P）与环境的影响（E）相互作用而生成的函数或结果。

2. 行为的特征

人的行为是复杂多变的，且影响因素众多，研究人的行为的共同特征，对于分析行为规律、加强行为管理具有重大意义。研究者在研究过程中发现，人的行为的共同特征大概可以分为以下几方面。

（1）自发行为。自发行为是指由人类自身自动引发，而不是被动接受的行为。外力可能对行为造成影响，但不能引发人类产生行为，外力对行为产生的影响也是有限的。

（2）有原因行为。有原因行为是指任何一种行为不会凭空产生，都有它产生的原因。遗传、环境、外力、思想等都有可能影响行为的产生。

（3）目的性行为。目的性行为是指行为的产生具有明确的目标，排除盲目性和随机性。一切行为的产生以达到目标为前提，并朝着固定目标前进。

（4）持久性行为。持久性行为是指行为具有目的性，在目标尚未达成前，行为不会间断，并且可以持续产生，直至完成目标。行为产生过程中可能会采取其他形式，发生行为方式的转变，但是依然以目标为前提，并向目标不断推进。

（5）可改变行为。可改变行为是指为了达成目标，人们可以通过学习或者训练改变其行为方式，使之更加合理有效。

3. 行为的种类

行为多种多样，从不同的方面大概可分为以下几类。

1）按行为主体进行分类

（1）个人行为：从个人出发，包括个人的生长、发育、活动、学习、进步等行为。

（2）团体行为：从团体出发，包括帮助、团结、合作、原谅、分歧、默契、交流等行为。

2）按活动领域进行分类

（1）管理行为：包括计划、组织、领导、控制、激励、决策等行为。

（2）政治行为：包括选举、立法、司法、外交、革命、组织、行政等行为。

（3）社会行为：包括社会规范、社会控制、社会道德、社会进步、社会舆论、社会发展等行为。

（4）文化行为：包括文化艺术活动、体育活动、教育活动、科研活动等行为。

（5）战争行为：包括心理战、科技战、侵略战、情报站、生化战、军事战等行为。

1.1.2 安全行为的概念、影响因素与特征

1. 安全行为的概念

人的安全行为是指人在受到影响安全性的外界刺激时，做出理性的、符合安全作业规程的行为反应，最终经过人的动作以达到预定的安全目标。人的安全行为通过生活中的一系列活动表现出来。安全行为的特点是人在生产作业活动中以安全作业规程、技术规程、管理规程为规范，以躯体动作为载体，按照一定的操作方式连接起来。安全行为受到自身安全意识水平的影响，具有个体差异性、可塑性、计划性、目的性。

费雷尔（Russell Ferrell）认为人们忽视安全行为而产生危机行为可以归结为以下三个原因。

（1）超过人的能力的过负荷。过负荷是指超出人在正常心理状态下的能力承受范围内的负荷。人的能力能够直接影响行动效率，同时受到先天条件、后天环境、身体状况、药物作用、精神状态等多种因素的影响，具有个体差异性，如果超出其承受负荷的临界值，则不能得到正确引导和疏解，会增加其发生危机行为的可能性。

（2）与外界刺激要求产生的反应不一致的反应。外界环境变化对行为产生刺激后会引起人的行为方式发生改变，这种变化可能使行为更加安全，也可能使行为更加危险，当人在信息处理过程中出现问题时，就会出现行为对外界刺激的反应与该刺激要求的反应不一致的问题。

（3）有意识地选择危机行为或者不知道正确处理危机行为的方法。危机行为的发生可能来源于行为人本身有意识地采取冒险行为，或者行为人无法意识到危机行为的产生，以至于不知道如何正确地处理危机行为。

2. 安全行为的影响因素

综合心理学等研究结果，安全行为主要受到人的心理因素和社会心理因素的影响。

（1）人的心理因素。人的喜、怒、哀、乐等各种情绪是在某种特定条件下产生的，会受到客观因素的影响。当行为人受到外部刺激而呈现兴奋状态时，其脑部思维与肢体动作会产生差异，这是人的安全行为禁忌的。人的性格也是一种心理特征的表现，不同性格的人，处事方式就不一样。人的性格可以受教育和周围环境的影响而改变，所以对一个人进行安全教育是有必要的。为了保障人的安全活动，必须要有好的环境和良好的物的状态，使人与环境协调。

（2）社会心理因素。人际关系、价值观等一系列社会心理因素，以及舆论、时尚等社会因素都会对人的安全行为产生影响，因此要正确处理社会心理因素与人的安全行为之间的关系。个体在产生行为时，要符合社会安全需求，应积极调动、激励人的安全行为去实现安全目标，为安全生产服务。

3. 安全行为的特征

安全行为是人的一种特殊行为，除了具有行为的共同特征，还具有一定的特殊性，安全行为的特征大致可分为以下几方面。

（1）个体差异性。个体在成长过程中，由于受遗传和环境的交互作用，接受的教育不同，个体在身心特征上显示出彼此之间的不同，安全意识观念的形成不统一，在安全行为方面也会做出不一样的选择。

（2）可塑性。个体的安全意识可以通过接受教育和受环境影响而改变，并不是一成不变的，有被培养改造的可能性和上升空间。

（3）计划性。为了达到预期安全行为的目标，个体会根据对外界环境与自身条件的分析，提出实现该目标的方案。

（4）目的性。人是具有自我意识的动物，能够把自己的活动过程和活动结果当作意识的对象加以把握，人在进行安全行为之前，头脑中已经存在了该行为所要达到的效果和目的。

1.2　安全理论基础

1.2.1　安全行为科学理论

安全行为科学是指在生产经营和其他人类活动中与安全生产及人员安全健康有关的人的行为现象及其规律的科学。安全行为科学综合安全科学、管理学、行为科学、组织行为学及心理学等学科的方法和原理，对人的行为与安全之间的关系进行研究，分析人在日常生活及生产管理活动中的行为规律，以安全生产及保障人员的安全为切入点对人的行为进行预测与引导，达到人员安全与生产安全的目的。

1. 安全行为科学的研究对象

安全行为科学的研究对象主要包括以安全为中心的个体安全行为、群体安全行为和领导安全行为三方面。

（1）个体安全行为。个体是人的心理活动的承担者。个体心理也就是人的心理，包括个体心理活动过程和个性心理特征。个体心理活动过程是指人的认识过程、情感过程和意志过程；个性心理特征与先天遗传因素和后天培养因素有关，通过人的性格、兴趣、动机、气质、能力、抱负等方面的差异性来表现，这种个性心理特征的差异性导致了人与人之间的个体差异性，进而决定了个体之间安全行为的差异性。因此，了解个体心理活动过程和独特的个性心理特征，掌握个性心理特征的差异性，对于个体安全行为的管理具有重要作用。

（2）群体安全行为。群体指在组织结构中由若干人组成的为实现既定组织目标相互作用、相互影响的具有纪律性的人群结合体。群体与个体相比，作用在于将个体力量组织团结起来，形成新的群体力量，这种力量既能满足个体心理需求，使个体获得安全感，也能满足群体需求，为群体目标服务。现代企业都是由不同规模、不同数量的群体组成的，分析和掌握群体安全心理活动，是进行企业安全管理的前提条件。

（3）领导安全行为。领导是指在一定条件下能够带领组织成员完成某种组织目标的行动过程。领导不是领导者，领导者是职位，领导是领导者的一种行为，能够促使集体和个人为既定组织目标共同奋斗。不同领导者的行为会给组织群体带来不同的社会心理气氛，从而影响到个体积极性。因此，企业领导者对于安全管理的行为态度是企业安全管理的一个关键因素。

2. 安全行为科学的研究原则

科学的发展离不开原则的遵循，安全行为科学作为一门新兴学科，在未来的发展过程中更需要遵循既定原则，安全行为科学的研究原则包括以下三方面。

（1）客观性原则：真实地观察、分析事物的发展过程，尊重事物的客观发展规律，不应凭空捏造与弄虚作假，避免个人的主观情感色彩，以免引起对行为科学认知上的偏差。

（2）发展性原则：人的行为发展是一个动态过程，行为不会始终如一，会随着认知水平和外界环境的变化而变化，在动态发展中分析和研究人的心理现象，进而预判行为的发展趋势和发展前景。

（3）联系性原则：不仅要看到行为与行为之间的联系，包括自身行为之间、自身行为与他人行为之间的作用，还要注意行为与外界环境之间的联系与作用。

3. 安全行为管理的研究内容

安全行为科学是行为科学的重要组成部分，基本任务是通过对人与安全相关的行为规律进行研究，科学地建立关于人的安全行为激励理论与不安全行为的防控理论与方法，并应用于安全管理与安全教育活动中，提升安全保障水平。因此，安全行为管理的研究内容主要包括以下几方面。

（1）人的安全行为规律的分析与认识：包括人的气质、态度、性格、能力等自然生理行为模式及价值观、社会责任、社会知觉等社会心理行为模式。

（2）安全需要对安全行为的作用：人的安全行为都是出于对安全的需要，应该充分利用对安全的需要来管理和加强安全行为。

（3）劳动过程中安全意识的规律：安全意识是人的行为要素的重要组成部分，主要通过对劳动过程中的记忆、情感、知觉、情绪、思维等方面进行研究，达到强化劳动过程中安全意识的目的。

（4）个体差异与安全行为：分析个体差异对安全行为的影响，通过适应、改变、协调等方式减少个体差异对安全行为的影响。

（5）事故发生的心理因素分析：事故的发生与行为人的心理状态有着密切联系，分析事故发生过程中行为人心理状态的变化和作用规律，对防控事故发生具有重要意义。

（6）挫折、态度、群体与领导行为：主要研究和分析挫折、态度、群体、领导行为对人的安全行为的影响程度。

（7）注意在安全中的应用：对人的注意规律进行探讨分析，以及注意在安全行为、安全生产、安全教育中的作用。

（8）安全行为的激励：行为科学中的激励理论应用广泛，包括权变理论、强化理论、公平理论、双因素理论等，用于激励个体安全行为的产生。

（9）安全行为科学的应用：安全行为科学可以在安全管理、安全行为、事故分析、事故防控、安全素养等多方面应用。

1.2.2　系统动力学理论

系统动力学是一门分析系统问题和解决系统问题的学科，于 1956 年由美国麻省理工学院的福瑞斯特教授最先提出。他认为系统动力学就是对整个系统内部的运作机制的思考，将系统内研究结构、功能和历史的方法有机融合在一起，从而形成一个新的整体。运用这一理论，福瑞斯特教授在社会经济问题上取得了巨大的成就。后来，系统动力学经过广泛传播和使用，形成了一门较为成熟和完整的新学科。

人们在求解问题的过程中，总是希望以最好的解决方案获得最优的结果，而系统动力学解决问题的目标也是通过不断寻优的过程最终获得较优的系统行为。系统动力学研究的前提条件在于系统行为由系统结构决定，强调系统结构的重要性，是通过分析系统内各个因素之间的相互作用关系和结构功能逻辑来研究系统内整体运作的理论。因此，系统动力学在解决问题的过程中，从系统结构视角出发，以系统中的多重信息分析系统的功能和行为，建立系统之间的因果关系，并转化为系统流程图，进一步运用计算机和仿真软件对已建立的系统模型进行仿真与分析，最终找到系统的最优结构。

系统动力学以现实需求问题为前提，主张基于系统内部行为动态和系统内部组织机制之间的相互关联作用，通过构建数学模型来探寻系统内结构的变化，进而从整体角度探究改善系统运作的路径。个体危机行为问题是一个复杂多元问题，个体危机行为系统中影响不安全行为产生的因素众多，且各因素之间错综复杂、相互影响，采用系统动力学可以有效分析个体危机行为系统内危机行为的动态变化，从而为防控个体危机行为的产生提供思路。

1.2.3　行为动机理论

行为动机理论是指动机的产生原因、产生机制、行为目标等一系列相关的理论。常见的行为动机理论有需求层次理论、驱力理论、归因理论等。其中,需求层次理论被绝大多数学者使用。需求层次理论属于行为科学的理论范畴,该理论提出人的较高层次的需求往往依赖于最低层次的需求是否得到满足。

动机和需求之间有着相当紧密的联系,但是两者还存在一定的区别。其中,两者之间的紧密联系是指两者都是由于自身对某种东西的向往与缺乏而产生的反应;两者之间的区别是指自身对某种东西的向往目标不一样,动机必然和某种特定的目标相联系,而需求不一定和目标有联系。动机的产生除了要将需求作为驱动力,还需要其他事物的刺激推动。在外界环境及产生条件一样的情况下,动机产生的根本性原因是需求。当需求达到一定强度,并存在能满足这种需求的对象时,需求将转化为动机,动机将驱使行为去实现这种需求。

1.2.4 博弈论

博弈论是指在一定规则或条件下,个体根据已掌握的信息选择相应的行为或者策略,最终获得相应的结果或收益的过程。博弈论的起源已久,最早的博弈论思想可以追溯到中国古代,《孙子兵法》中的军事思想就体现了早期的博弈论思想,说明古人早就已经发现了博弈问题。

1. 博弈论的基本要素

博弈论认为一个完整的博弈过程应该包括以下四个要素。

(1)局中人,即博弈参与人。局中人指在博弈过程中能够独立进行决策和思考,并有能力承担相应后果的个人与组织。顾名思义,两人博弈是指两个人参与博弈,多人博弈是指两人以上的人员参与博弈。

(2)策略与策略集。策略是指在博弈过程中局中人可以制订的行动方案,策略集是指一个局中人采取的所有策略的集合。如果每个局中人的策略集是有限集合,则称为有限博弈,反之则称为无限博弈。

(3)支付与支付函数。支付是指博弈过程中每个局中人采取行动后带来的收益,值得注意的是,这种收益不仅与该局中人所选策略相关,还与全体局中人选择的策略相关。支付函数是每个局中人从博弈中获得的收益,是全体局中人选择策略的函数。

(4)均衡。均衡指在参与博弈过程中所有局中人的最优策略形成的行动集合。

2. 博弈论的分类

博弈论涉及的内容广泛,根据不同的分类标准,可以将博弈论分为以下几类。

(1)合作博弈与非合作博弈。合作博弈与非合作博弈的区别在于进行博弈的局中人之间是否存在具有约束力的协议，若协议存在，则是合作博弈；若协议不存在，则是非合作博弈。合作博弈多用于团体，讲究团体理性；非合作博弈多用于个人，强调个人理性。

（2）完全信息博弈与非完全信息博弈。完全信息博弈与非完全信息博弈的区别在于局中人之间的互相了解程度。如果博弈过程中，局中人彼此之间对特征、策略空间、收益函数等都能掌握准确的信息，则称为完全信息博弈；反之，如果博弈过程中，局中人彼此之间对特征、策略空间、收益函数等无法掌握准确的信息，则称为非完全信息博弈。

（3）静态博弈与动态博弈。静态博弈与动态博弈的区别在于行动是否存在先后顺序。如果博弈过程中，每个局中人的行动是同时进行的，不存在先后顺序，或者存在先后顺序但是后行动者并不知道前行动者采取了什么行动，对自己的行动不会产生影响，这就是静态博弈；如果博弈过程中，每个局中人的行动存在先后顺序，并且后行动者知道前行动者采取了什么行动，则称为动态博弈。

（4）零和博弈、常和博弈、变和博弈。零和博弈、常和博弈、变和博弈的区别在于利益分配。零和博弈是指博弈方之间的利益始终处于对立面，偏好也不尽相同，一方的收益代表着另一方的损失，即利益与损失之和为零；常和博弈是指博弈方之间的利益总和始终保持特定常数，处于对立竞争状态，存在双赢的可能性；变和博弈是指除零和博弈与常和博弈之外所有的博弈方式，不同的组合策略带来的利益总和是不相同的。

1.2.5　事故致因理论

事故致因理论是对事故发生的起因、过程及后果进行分析，从而揭示事故本质的理论。随着人们对事故分析的深入，人们对事故的发生机理也进行了更加深入的研究。根据事故致因理论，对大量典型事故的发生原因进行分析，找出事故发生的根本原因，从而解构出安全事故发生的机理，并基于此，进一步探究事故发生的内在、一般性规律，用以指导安全事故预警工作的开展，提供事故防控策略，以便防控事故再次发生。

1. 事故因果连锁理论

海因里希最早提出事故因果连锁理论，又名多米诺骨牌理论，是事故致因理论的主要理论之一。用多米诺骨牌理论形象地描述了事故发生的因果关系，即一种伤亡事故的发生是多种因素共同作用的结果，并不是孤立存在的。

海因里希提出伤亡事故的发生原因主要包括下列五种因素。

（1）先天遗传或社会环境。人的缺点同时受到先天遗传因素和社会环境改变的共同作用。先天遗传因素可能使人继承父母性格上的弱点，使人先天具有懦弱、固执、自私等不良性格特征；社会环境改变对后天性格的养成也极为重要，可能会加剧不良性格的发展。

（2）人的缺点或人为过失。先天遗传因素和社会环境改变造成人的缺点或人为过失，人的缺点和人为过失则是造成不安全行为或不安全状态的主要原因。这些缺点和过失既包括先天遗传带来的不良性格特征，也包括社会环境中的培养形成的不良行为习惯。

（3）不安全行为或不安全状态。人的缺点和人为过失很大程度上会引发不正常行为，是不安全行为和不安全状态发生的主要原因。

（4）事故。事故是指可能给人们带来人员伤亡、物质损失和经济损失的意外发生事件。

（5）伤害。伤害是指由事故造成的严重后果。

上述五种因素依次构成了事故因果连锁关系，可以形象地通过五张多米诺骨牌进行模拟，如果第一张骨牌倒下，则后面将会发生连锁反应，阻止中间某一张骨牌倒下，则连锁反应将停止。

2. 博德事故因果连锁理论

基于海因里希事故因果连锁理论，博德进一步提出了更加接近现代安全观点的事故因果连锁理论。

博德认为事故因果连锁理论的五个因素如下。

（1）管理缺陷。安全管理系统需要时间不断完善和调整，大多数企业不具备完善的安全管理系统，单纯依靠目前的安全管理系统来预防事故发生是不现实的。因此，在生产过程中，需要安全管理工作的配合，尽可能预防事故的发生。

（2）个人及工作条件因素。个人因素主要包括不安全行为、不正常的心理或生理问题、不正确的行为动机、缺乏安全培训、没有掌握正确的工作方式等；工作条件因素主要包括工作流程不安全，规定不健全，工作环境中的气体、噪声、粉尘、温度、湿度、照明等其他有害因素。

（3）直接原因。事故发生的直接原因是人的不安全行为和物的不安全状态，然而直接原因只是表面现象，实际工作中要想减少安全事故的发生，必须深层次挖掘事故背后管理缺陷的根本原因，改善和控制这些隐藏因素，才能有效防止事故的发生。

（4）事故。事故是指人体或物体与超过其承受阈值的能量接触，或人体与妨碍其正常生理活动的物质接触。因此，博德认为防止事故发生就是防止接触，一方面借助专业设备控制能量的释放，另一方面通过佩戴护具等方法减少与能量的直接接触。

（5）损失。损失包括人身伤害、人员伤亡、财物损坏、经济损失。正常情况下，事故发生后可以采取合理的手段或措施，尽可能减少事故造成的损失。

3. 亚当斯事故因果连锁理论

亚当斯事故因果连锁理论与博德事故因果连锁理论相似，亚当斯认为人的不安全行为和物的不安全状态都是现场失误的表现，理论模型如表 1.1 所示。

表 1.1　亚当斯事故因果连锁理论

管理体系	领导者管理的失误	安全技术人员管理的失误	现场失误	事故	伤害或损坏
目标 组织 机能	方针政策 目标 规范 责任 职级 考核 权限授予	行为 责任 权限范围 规则 指导 积极主动性 业务活动	不安全行为 不安全状态	伤亡事故 损坏事故 无伤害事故	对人 对物

亚当斯事故因果连锁理论强调深入研究现场失误的背后根源，其认为领导者管理的失误和安全技术人员管理的失误导致了人的不安全行为和物的不安全状态的现场失误，继而引发安全事故。领导者决定安全管理工作的发展方向，安全技术人员保证安全管理工作的正常开展，二者对安全管理工作的重视程度极大地影响了安全管理工作的实施，因此，领导者和安全技术人员管理的失误对企业生产经营管理和安全管理工作具有决定性的影响，应尽可能地减少管理失误，从而防止安全事故的发生。

4. 北川彻三事故因果连锁理论

日本学者北川彻三认为导致安全生产事故的因素多种多样，且彼此之间错综复杂，他认为西方学者提出的只考虑企业内部因素的理论具有局限性。因此，在现有理论的基础上，北川彻三提出了包含学校教育原因、社会原因和历史原因三方面的事故因果连锁理论，详情如表 1.2 所示。

表 1.2　北川彻三事故因果连锁理论

基本原因	间接原因	直接原因	事故	伤害
学校教育原因 社会原因 历史原因	技术原因 教育原因 身体原因 精神原因 管理原因	不安全行为 不安全状态	伤亡事故 损坏事故 无伤害事故	对人 对物

北川彻三事故因果连锁理论突破了企业范围的局限，考虑可能引发事故的社会性因素，其中包括技术原因、教育原因、身体原因、精神原因、管理原因五种间接原因，充分认识到社会性因素对事故发生的重要性，通过改善这些间接原因来预防安全事故的发生是十分必要的。

5. 轨迹交叉理论

轨迹交叉理论认为人的不安全行为和物的不安全状态会随着系统中时间和空间的交叉运动造成安全事故的发生。伤害事故的发生是多种相互联系的事物共同作用的结果，人的不安全行为或物的不安全状态在各自的运动轨迹中发生交叉碰撞之后会导致事故的发生。

轨迹交叉理论反映了绝大多数事故发生的情况，认为仅人或物存在不安全轨迹并不一定会引发事故，系统认为人的不安全行为是指人为失误，物的不安全状态是指物品的不规范放置。这点在事故调查过程中也得到了证实，事故很少仅由人的不安全行为或者物的不安全状态引发，往往是两者在某一特定时间或空间下共同作用的结果。

在人与物的运动过程中，二者可以互相转化、相互关联，人的不安全行为可以改变物的不安全状态，甚至使物发生状态的转化；物的不安全状态可以诱发人的不安全行为。轨迹交叉理论同时强调预防人的不安全行为或物的不安全状态可以有效避免安全事故的发生，这在企业的实际生产过程中得到了很好的应用。企业在安全管理过程中通过加强安全教育和操作规范的训练，进行科学的技术和操作管理，从人的角度出发杜绝不安全行为的发生，从而达到降低事故发生率的目的。企业加强产品管理和设备管理，增设安保装置，提高人员巡逻频率，从物的角度出发防止不安全状态的转变，也能降低事故发生的风险。

6. 能量转移理论

能量转移理论是指在正常情况下，能量被约束和限制在一定条件下，按照人们的意志转化，人们利用各种形式的能量做功，达到生产目的。如果生产过程中的能量失去控制，发生转移或释放，则会发生事故，即事故是一种不正常的、不可控的能量释放。能量转移到人体并超过人体的承受限度后，就会对人体造成伤害。

能量是一个物理量，用来表征物理系统做功的本领。能量存在的形式多种多样，按照物流的不同运动形式进行划分，可分为电能、机械能、太阳能、核能、光能、势能、生物能、热能、辐射能等。能量在人类的生产活动中至关重要，人们对各种形式的功加以利用来满足生产生活的需要。需要注意的是，人体也具有能量，并且可以在一定范围内通过能量转换来实现自身的能量平衡，如当人们感到寒冷时，可以通过跑步、摩擦、运动等方式生产能量；当人们感到炎热时，可以通过发汗、吹风等方式释放能量；当人们感到饥饿时，可以通过喝水、进食等补充能量；当人体与外界能量的交换超出限定范围而影响到自身的能量循环时，人体就会受到伤害，如发烧、感冒、脱水、中暑等是由于人体与外界能量交换过程中的能量失去控制，超出人体承受范围而对人体造成的伤害。

麦克法兰特认为所有的伤害事故发生的原因可以归结为以下两个方面：一方面是接触了某种形式下超过机体组织结构抵抗力的过量能量；另一方面是机体组织与外界环境的正常能量交换过程中受到了某种干扰。据此观点，可将能量引起的伤害分为以下两种：第一种伤害由转移到人体的能量超过局部或者全身性损伤阈值而产生，例如，同种物品一楼坠落与高空坠落给人体带来的伤害是大不相同的；第二种伤害由影响局部或全身性能量交换而引起，例如，局部冻伤、局部烫伤、溺水死亡、窒息死亡等。

7. 管理失误理论

管理失误理论主要研究管理责任，认为事故发生的主要原因在于管理上的失误。这是因为事故发生的直接原因是人的不安全行为和物的不安全状态，但是出现"人为失误"和"物不安全"的根本原因也是管理工作的不到位。人的不安全行为与物的不安全状态可以相互转化，人的不安全行为可以导致物的不安全状态，物的不安全状态加剧人的不安全行为的产生。物的不安全状态和人的不安全行为同时耦合称为安全隐患，如果安全隐患提早发现、处理得当、及时修正，不安全状态则不会引发事故；反之，客观上存在安全隐患，主观上人具有不安全行为，就会引起安全事故的发生。管理失误理论的事故致因模型见图 1.1。

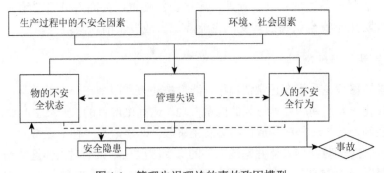

图 1.1　管理失误理论的事故致因模型

8. 两类危险源理论

从安全生产的角度出发，危险源是指可能引起人员伤亡、经济损失、环境破坏或其他损失的状态或根源。危险源可以是一种状态、一种环境、一次事故发生的载体，也可以是导致事故发生的人或物。

1995 年，我国著名安全工程专家陈宝智教授提出两类危险源理论，即引发事故的所有危险源可划分为两类，第一类危险源是伤亡事故发生的能量主体，是引发第二类危险源的前提条件，决定事故后果的严重程度；第二类危险源是第一类危险源发生的必要条件，决定事故发生的可能性。

两类危险源理论指出，第一类危险源主要以物理实体的形式存在，第二类危险源是由第一类危险源引发的一些不安全的异常状态或现象。两类危险源相互联系、相互依存，共同构成事故发生的必要条件。因此识别危险源的首要任务在于对第一类危险源的识别，然后根据第一类危险源识别第二类危险源。

1.3 研究模型与方法

1.3.1 行为变量的测量

行为变量的测量是极其复杂的，除定性研究外，定量研究主要是通过行为变量量表来进行测量。

1. 量表

量表是用于测量每一个被观察单位的系统。根据行为变量研究任务的不同，行为变量量表分为以下不同种类。

（1）名称量表，又称类别量表，要求含有两个或两个以上互不关联的类别划分测量对象，根据相关规定对每个分类赋予数字或其他不同标志，这些标志没有大小之分，只是表示分类符号。在安全行为学中，职业量表是最常用的量表，按照职业类型进行划分，可分为水工、电工、焊工、修理工等。

（2）等级量表，它表示某种变量的顺序或等级特点，操作简单，只需对若干个备选项目进行排序，不要求表示出每个等级间差距的多少。因此，等级量表中不包括每个等级间差距的大小。

（3）等距量表，是指通过间距相等的积分点来测量变量。等距量表中每个点的数量的差别代表着一个基本变量的均等差别，不存在绝对零点，线性运算中只能进行加减运算，不支持乘除运算。

（4）比率量表，是指既有绝对零点，又有相等间距，在等距量表的基础上增加了绝对零点的设定。

2. 变量的处理方式

在理论研究过程中，本书设计了多种变量类型，对于不同类型的变量采取的处理方式如下。

（1）置之不理。在理论研究或实际研究过程中，与研究目标无关的变量或不对研究目标造成影响的变量应置之不理。

（2）随机化。对于以不同形式偶尔出现却又对实际研究造成影响的变量采用随机化的态度，随机选择不同形式的同种变量进行多次比较研究，排除概率影响。

（3）不加以控制。在研究过程中，对于变量的处理可以采取不加以控制的方法，让各个变量呈现自然状态进行研究。

（4）保持恒定。在实际研究中，使某一变量保持不变来进行研究，以便观察其他变量的变动带来的影响。

（5）匹配。采用匹配的方式对变量强行干预，排除某些变量可能带来的影响。

（6）规定特定的标准或范畴。选择这种方法的前提条件在于事先对变量的不同水平进行规定，以便于后续研究的展开。

　　3. 测量信度与效度

相较于对物理变量的测量，多数情况下对行为变量的测量更为复杂，不能直接通过测量工具简单获取数据，对人的行为变量的测量需要针对某些具体问题进行个人主观评定或判断，这种评定或判断是否可信和有效，这就是测量的信度和效度问题。

（1）测量信度，是指对人的行为反复测量结果的一致性。多数量表用信度系数来表示测量的可靠性和稳定性，信度系数是指用相关系数来衡量和表示的信度指标，信度系数的大小与测量的可靠性呈正相关关系，信度系数越大表明测量越可靠。

（2）测量效度，是指测量的有效性，表示测量到的是否是研究目标要求测量的行为特征。效度是对测量的行为特征的正确性与有效性的反映。效度的高低与测量的正确性呈正相关关系，越是正确地掌握了目标方向，测量得到的效度也就越高。

1.3.2　模型概述

　　1. 模型基本理论

人的行为是复杂多变的，为了把这一复杂的事物描述出来，需要对模型进行简化，以利于后续研究的展开。

　　1）模型的概念

模型是对某种现实事物抽象的简化表示。模型与理论都是对现实事物的抽象化表示，理论是对现实事物的本质特征加以概括整理，反映出现实事物共同的本质特征，具有普遍的指导意义；模型是对现实事物的某些特征加以概括整理，有特定的研究适用范围。

2）模型的分类

模型的种类多种多样，不同标准的分类也不相同，根据常用标准，大致可分为以下几类。

（1）按产生形式分类，模型可分为主观和客观两种形式。主观模型是通过人们对某一事物的直观感觉建立的，不具有科学性，如在工作设计中掺杂过多的个人感情色彩；客观模型是指运用科学的研究方法分析某一事物的特征，研究结果具有科学性，如运用科学方法分析某地区的发展水平。

（2）按模式形态分类，模型可分为物理模型和抽象模型。物理模型是指客观存在的、可实际利用的模型，如建筑模型等；抽象模型是指无形的、用数学语言描述的模型，如数学模型、计量学模型。

（3）按反映事物特征分类，模型可分为标准模型和描述模型。标准模型是指事物未来应该发展的状况；描述模型是指事物目前所处的状况。

（4）按发展变化分类，模型可分为静态模型和动态模型。顾名思义，静态模型是指描述事物静止状态的模型，如企业中的职位晋升流程图；动态模型是指反映事物发展中动态变化的模型。

3）模型的结构

（1）目标，指研究方向和研究目的，制定和使用任何模型的前提是要有明确的目标，有了研究目标，才能进一步确立研究内容。

（2）变量，是体现事物在幅度、强度和程度上的变化量，主要包括自变量、因变量和中介变量，确定这些重要变量之后，选择适当的测量工具进行测定，确立有关变量与行为之间的对应关系。

（3）关系，是变量之间存在的对应关系，对于变量间对应关系的判断，应该实事求是地认真研究，不能以偏概全、盲目判断。

2. 常用模型

1）结构方程模型

（1）结构方程模型的定义。结构方程模型（structural equation modeling，SEM）又称线性结构方程模型，是一个以统计分析为基础的研究模型，多用于多种复杂变量的数据处理与分析。结构方程模型整合了因素分析和路径分析两大统计学主流技术，被广泛应用于心理学、社会学等多门学科领域。

结构方程模型以因果理论基础为支撑，是一种使用相对应的线性方程系统来表示其中因果关系的统计分析技术，其目标在于对事物间暗含的因果关系进行探索与分析，并将探索结果以路径图、因果模式等形式展现出来。不同于传统的探索因子分析,结构方程模型可以单独验证其中一个变量因子的结构是否符合模型,也可以通过多组分析了解不同组别内变量之间的关系是否发生改变,变量因子间的均值差异是否变动。

（2）结构方程模型的优点。

①允许同时在线处理多个因变量：结构方程模型突破传统统计分析方法的局限,可以对多个因变量进行考虑,探索变量之间的内在联系。

②允许自变量与因变量之间存在测量误差：任何模型变量之间都无法做到精确对应,结构方程模型允许存在这样的误差。

③支持同时估计因子结构和因子关系：潜在变量之间的相关性是复杂的,由于这种复杂的潜在变量多适用于题目测量或多指标测量,结构方程模型允许同时考虑因子之间的相互联系和因子与题目之间的关系。

④允许使用弹性较大的测量模型：相较于传统模型受制于单指标下多种因子的复杂情形,结构方程模型可以使用更加复杂、健全的模型来进行测量分析。

⑤设计潜在变量之间的关系,并对拟合度进行估计：传统分析模型只能对每条路径中变量之间的关系进行估计,结构方程模型突破此限制,除参数估计外,还能计算不同模型对同一样本数据的拟合度。

（3）结构方程模型的构成。

①测量模型。测量模型包括观察变量和潜在变量,观察变量又称显变量,指可以通过量表或测量工具收集到的数据,如工资、消费等,在路径图中以方形符号来表示；潜在变量不能通过测量得到,需要由观察变量的数据资料来体现,如心理变化、情感变化,在路径图中以圆形或椭圆形来表示。

外生变量是指一种具有解释功能的变量,在模型测定中只能影响其他变量,其他变量不会对外生变量造成影响。因此,路径图中只存在由外生变量指向其他变量的箭头,不存在指向外生变量的箭头。

内生变量是指制定模型所要确定或研究的变量。因此,路径图中只存在指向内生变量的箭头。

潜在变量包括外生潜变量和内生潜变量两种。外生潜变量又称外因潜变量,是指作为原因的潜变量；内生潜变量又称内因潜变量,是指作为结果的潜变量。

测量模型的回归方程如下：

$$x = \Lambda_x \xi + \delta$$

$$y = \Lambda_y \eta + \varepsilon$$

式中,x 为外生指标组成的向量；y 为内生指标组成的向量；Λ_x 为外生指标与外生潜变量之间的关系；Λ_y 为内生指标与内生潜变量之间的关系；δ 为外生指标 x

的误差项，假设均值为 0；ε 为内生指标 y 的误差项，假设均值为 0；ξ 为外生潜变量；η 为内生潜变量。

假设误差项 ε、δ 与变量 η、ξ 之间不相关，ε 与 δ 之间不相关。

②结构模型。结构模型说明潜在变量之间的因果关系，其回归方程如下：

$$\eta = B\eta + \Gamma\xi + \zeta$$

式中，B 为路径系数矩阵，表示内生潜变量之间的关系；Γ 为路径系数矩阵，表示外生潜变量对内生潜变量的影响；ζ 为结构模型的残差项，假设均值为 0，且与 ξ、ε、δ 之间不相关。

③结构方程模型的分析流程。结构方程模型的基本思路在于根据已有的知识理论，假设形成一组变量之间的关系模型，通过问卷调查等方式获取观测变量的数据来源，形成样本矩阵，利用结构方程模型验证假设模型和样本矩阵之间的拟合性。如果假设模型能拟合数据样本，则模型通过验证；否则需要对模型进行修正，如果修正之后仍然不能拟合，就否定假设模型。结构方程模型分析的基本流程如图 1.2 所示。

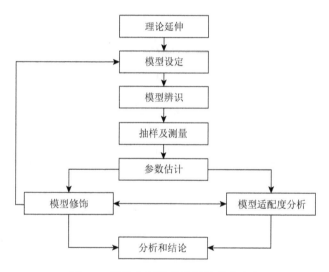

图 1.2　结构方程模型分析的基本流程

（4）结构方程模型的前提假设。结构方程模型的拟合度估计需要满足的前提假设如下。

①样本含量：结构方程模型分析结果优良的前提条件在于有足够大的样本容量，为获得可靠、稳定的数据提供基础，对模型进行合理的评价。

②数据分布：结构方程模型分析中的数据应当满足多元正态分布的要求。

③非线性与交互效应的情况：在实际分析过程中发现潜在变量之间并非只存

在简单的线性相关性，很可能存在非线性相关关系，因此，可以将线性结构方程模型转化为非线性结构方程模型。

（5）模型整体评价标准。模型整体评价标准用来描述模型与实际数据整体的拟合程度，评价标准如下。

①检验模型参数是否具有统计学意义。

②评价模型整体的拟合度，主要包括拟合指数和拟合函数，拟合指数可以同时存在多个，代表不同的意义和计算方式，而拟合函数可以计算出大部分的拟合指数。

结构方程模型的评价指标与评价标准如表 1.3 所示。

表 1.3　结构方程模型的评价指标与评价标准

指数分类	指数名称	评价标准
绝对拟合指数	χ^2	越小越好
	GFI	大于 0.9
	RMR	小于 0.05，越小越好
	SRMR	小于 0.05，越小越好
	RMSEA	小于 0.05，越小越好
相对拟合指数	NFI	大于 0.9，越接近 1 越好
	TLI	大于 0.9，越接近 1 越好
	CFI	大于 0.9，越接近 1 越好
信息指数	AIC	越小越好
	CAIC	越小越好

注：χ^2 为卡方值；GFI 为拟合优度指数（goodness-of-fit index）；RMR 为均方根残差（root mean square residual）；SRMR 为标准化残差均方根（standardized root mean square residual）；RMSEA 为近似均方根误差（root mean square error of approximation）；NFI 为标准拟合指数（normed fit index）；TLI 为 Tucker-Lewis 指数（Tucker-Lewis index）；CFI 为比较拟合指数（comparative fit index）；AIC 为赤池信息量准则（Akaike information criterion）；CAIC 为一致性赤池信息量准则（consistent AIC）。

2）系统动力学模型

（1）系统动力学的概念。系统动力学以系统论为基础，融合信息论、控制论的精髓，成为一门集信息反馈和解决系统问题于一体的综合性学科。系统动力学认为系统结构决定系统行为，系统内的众多变量相互作用，并且存在因果关系，由这些因果关系构成的系统结构决定了系统行为的产生。系统动力学的实质是寻求较优的系统方案来解决存在的问题，其认为系统行为由系统结构决定，所以系统动力学是从系统结构出发来研究系统行为，寻找系统中的较优结构，进而获得较优的系统行为。

系统动力学的研究思路是将整个系统看作不可分割的完整系统，系统中存在信息反馈，在融入系统动力学模型加以研究的过程中会得到丰富的具有因果关系的信息，根据这些信息建立系统中的因果关系流图，加以分析、整理，转变为系统流图，进一步运用计算机及仿真软件进行模拟仿真，建立系统结构。

（2）系统动力学模型的基本概念。

①系统：指为完成同一目的和功能，将相互作用、相互区别的单元联系起来形成的集合体。

②反馈：指系统中同处一个单元中的输入与输出的关系，在完整系统中代表外界环境的输入与系统自身的输出。

③反馈系统：指含有反馈坏节与坏节间相互作用的系统。

④反馈回路：指系统中含有因果关系或相互作用的链形成的闭合路径。

⑤因果回路图：指用箭头表示系统中各个变量的连接与反馈。

⑥因果链极性：指因果回路图中用正（+）和负（−）来表示因果链的极性，极性是指箭头端变量随着箭尾端变量的变化而变化，当这种变化趋势相同时，为正（+）极性；当变化趋势相反时，为负（−）极性。

⑦反馈回路的极性：指反馈回路中有正反馈和负反馈之分，正反馈指反馈回路中的偏离变量增强或包含偶数个负的因果链；负反馈指反馈回路中的偏离变量稳定或包含奇数个负的因果链。

⑧存量流量图：指反馈回路中水平变量和速率变量的相互联系形式及反馈回路之间相互作用、相互联系的图示形式。

⑨水平变量：又称流量，指某一系统变量在某一时刻的特定状况，在数值上等于流入率与流出率之间的差值。

⑩速率变量：表示某个水平变量的变化快慢，故又称变化率。

⑪辅助变量：指在状态变量和速率变量的信息通道中设置的变量。

（3）系统动力学的应用步骤。

①识别问题。系统以目标为前提，在运用系统动力学进行仿真模拟时，应该分析问题所在，明确系统目标，以目标为依据设定运行参数，构建系统模型。

②确定系统边界。系统动力学要求尽可能明确系统中的内部变量，与系统研究目标无关的变量不能放入系统中。

③确定因果关系。确定系统中的因果关系需要对系统结构十分了解，除了要求用反馈回路的形式表示系统中各个变量之间的反馈联系，还需掌握外界环境与系统之间的交互作用。

④建立系统动力学模型。在明确系统中的因果关系之后，借用相关软件作出因果关系图和存货流量图，输入函数关系式，对系统进行仿真。

⑤优化仿真。对系统动力学模型进行检验之后，通过改变系统变量与运行措施，观察系统的仿真结果，寻求较优策略。

3）传染病模型

传染病模型的应用非常广泛，多用于研究由病原体引起的疾病和传播学。传播是指在某个区域内，两个或多个相互独立的个体通过某种媒介所进行的信息传播活动，如病毒传播、疾病传播、不安全行为传播、员工离职行为恐慌传播等。

（1）SIR（susceptible infected recovered，分别表示易感者、感染者、移出者）模型。在传染病的系统动力学研究过程中，传染病模型是常用的模型之一，早期的模型考虑了不同年龄阶段的传染恢复能力的不同。

$$\begin{cases} \dfrac{\mathrm{d}S(t)}{\mathrm{d}t} = -\lambda S(t) \\[2mm] \dfrac{\partial I(t)}{\partial t} + \dfrac{\partial I(t)}{\partial a} = \delta(a)\lambda S(t) - \gamma(a)I(t) \\[2mm] \dfrac{\mathrm{d}R(t)}{\mathrm{d}t} = \displaystyle\int_0^{\infty} \gamma(a)I(a,t)\mathrm{d}a \end{cases}$$

式中，$S(t)$为t时刻未染病但有可能被传染的人；$I(t)$为t时刻已被感染成为患者而且具有传染力的人；$R(t)$为t时刻已从染病者中移出的人；$\gamma(a)$为恢复系数。$\lambda = \int_0^{\infty} \beta(a)I(a,t)\mathrm{d}a$，为狄拉克函数。令$\delta(1), \delta(2), \cdots, \delta(a)$为一个连续实函数的序列，$a$表示总共有$a$个序列，当$\beta(a)$为常数时，将其代入$I(t) = \int_0^{\infty} I(a,t)\mathrm{d}a$，就变为常见的 SIR 模型。

当不考虑年龄的影响，将年龄作为常数运算时，模型可简化为

$$\begin{cases} \dfrac{\mathrm{d}S(t)}{\mathrm{d}t} = -\beta S(t)I(t) \\[2mm] \dfrac{\mathrm{d}I(t)}{\mathrm{d}t} = \beta S(t)I(t) - \gamma I(t) \\[2mm] \dfrac{\mathrm{d}R(t)}{\mathrm{d}t} = \gamma I(t) \end{cases}$$

式中，β为感染系数，表示易感人群与传染病接触被感染的概率。

SIR 模型的基本思想是假设发病地区的所有人包括三种，即易感者$S(t)$、感染者$I(t)$及移出者$R(t)$。其中，易感者$S(t)$代表那些从未被感染过且体内无免疫力、能够被感染者感染疾病的群体，感染者$I(t)$代表具有传染能力的正在患病的群体，而移出者$R(t)$代表两种人群，一种是痊愈并且有免疫力的群体，另一种是不幸死亡的群体。

（2）无疾病潜伏期的传染病模型。除了最经典的 SIR 模型，对于不同类型的传染病，可以用不同种类的模型刻画。

①SI（susceptible infected，分别表示易感者、感染者）模型：将人群分为易感者和感染者，且易感者变为感染者后是不可逆的，无法治愈，其传染机制为

$$S(t)\xrightarrow{\beta S(t)I(t)} I(t)$$

微分方程组为

$$\begin{cases} \dfrac{\mathrm{d}S(t)}{\mathrm{d}t} = -\beta S(t)I(t) \\ \dfrac{\mathrm{d}I(t)}{\mathrm{d}t} = \beta S(t)I(t) \end{cases}$$

②SIS（susceptible infected susceptible，分别表示易感者、感染者、易感者）模型：将人群分为易感者和感染者，易感者以一定的概率成为感染者，感染者又以一定的概率转变为易感者。易感者患病后可以治愈，但无法获得免疫力，能够二次被感染者感染，其传染机制如下：

$$S(t)\xrightarrow{\beta S(t)I(t)} I(t)\xrightarrow{\gamma I(t)} S(t)$$

微分方程组为

$$\begin{cases} \dfrac{\mathrm{d}S(t)}{\mathrm{d}t} = -\beta S(t)I(t) + \gamma I(t) \\ \dfrac{\mathrm{d}I(t)}{\mathrm{d}t} = \beta S(t)I(t) - \gamma I(t) \end{cases}$$

③SIR 模型：将人群分为易感者、感染者和移出者，相比之前的经典 SIR 模型，此处的 SIR 模型的感染者治愈后获得终生免疫力，其传染机制如下：

$$S(t)\xrightarrow{\beta S(t)I(t)} I(t)\xrightarrow{\gamma I(t)} R(t)$$

微分方程组为

$$\begin{cases} \dfrac{\mathrm{d}S(t)}{\mathrm{d}t} = -\beta S(t)I(t) \\ \dfrac{\mathrm{d}I(t)}{\mathrm{d}t} = \beta S(t)I(t) - \gamma I(t) \\ \dfrac{\mathrm{d}R(t)}{\mathrm{d}t} = \gamma I(t) \end{cases}$$

④SIRS（susceptible infected recovered susceptible，分别表示易感者、感染者、移出者、易感者）模型：将人群分为易感者、感染者和移出者，单位时间内有的移出者有可能再次感染成为感染者，其传染机制如下：

$$S(t) \xrightarrow{\beta S(t)I(t)} I(t) \xrightarrow{\gamma I(t)} R(t)$$
$$\xleftarrow{\hspace{3cm}}$$
$$\delta R(t)$$

微分方程组为

$$\begin{cases} \dfrac{\mathrm{d}S(t)}{\mathrm{d}t} = -\beta S(t)I(t) + \delta R(t) \\[2mm] \dfrac{\mathrm{d}I(t)}{\mathrm{d}t} = \beta S(t)I(t) - \gamma I(t) \\[2mm] \dfrac{\mathrm{d}R(t)}{\mathrm{d}t} = \gamma I(t) - \delta R(t) \end{cases}$$

（3）有疾病潜伏期的传染病模型。在成为感染者 $I(t)$ 之前，易感者在潜伏期内可能有不同表现，如果没有感染能力，不妨记 t 时刻的潜伏期人数为 $E(t)$，疾病的平均潜伏期为 $1/\omega$。

①SEIR（susceptible exposed infected removed，分别表示易感者、潜伏者、感染者、移出者）模型：患者康复后有终生免疫力，其传染机制为

$$S(t) \xrightarrow{\beta SI} E(t) \xrightarrow{\omega E} I(t) \xrightarrow{\gamma I} R(t)$$

微分方程组为

$$\begin{cases} \dfrac{\mathrm{d}S(t)}{\mathrm{d}t} = -\beta S(t)I(t) \\[2mm] \dfrac{\mathrm{d}E(t)}{\mathrm{d}t} = \beta S(t)I(t) - \omega E(t) \\[2mm] \dfrac{\mathrm{d}I(t)}{\mathrm{d}t} = \omega E(t) - \gamma I(t) \\[2mm] \dfrac{\mathrm{d}R(t)}{\mathrm{d}t} = \gamma I(t) \end{cases}$$

式中，ω 在数学意义上等价于平均潜伏期的倒数。

②SEIRS（susceptible exposed infected removed susceptible，分别表示易感者、潜伏者、感染者、移出者、易感者）模型：患者在潜伏期有感染能力，发病后依然有感染能力，潜伏期的感染能力弱于发病期的感染能力，其传染机制为

$$S(t) \xrightarrow{\beta SI} E(t) \xrightarrow{\omega E} I(t) \xrightarrow{\gamma I} R(t) \xrightarrow{\delta R} S(t)$$

微分方程组为

$$\begin{cases} \dfrac{\mathrm{d}S(t)}{\mathrm{d}t} = -\beta S(t)I(t) + \delta R(t) \\[2mm] \dfrac{\mathrm{d}E(t)}{\mathrm{d}t} = \beta S(t)I(t) - \omega E(t) \\[2mm] \dfrac{\mathrm{d}I(t)}{\mathrm{d}t} = \omega E(t) - \gamma I(t) \\[2mm] \dfrac{\mathrm{d}R(t)}{\mathrm{d}t} = \gamma I(t) - \delta R(t) \end{cases}$$

式中，δ 为免疫退化率，即移出者重新成为易感者的概率。

1.3.3　常用研究方法

1. 实验法

人的行为复杂多变，在研究过程中很容易受到自身状态、外界环境等多种因素的影响，而要具体研究某一特定问题时，需要排除其他影响因素的干扰，这就是实验法的特点。实验法可以剔除外界环境等其他无关变量的干扰，对自变量与因变量之间的关系进行假设，根据假设对实验进行设计，有计划地调整其中的某些变量，研究调整过程中这些变量对其他变量的影响。

实验法的常用分类如下。

（1）实验室实验法。实验室实验法是在提前设定好的实验室中进行实验的方法，通常对实验条件的要求比较严苛，需要借助科学的仪器设备，经过反复实验得到实验数据。实验室实验法能够尽可能排除无关变量的影响，提供实验条件，保证实验的准确性。实验室实验法虽已尽可能模拟和满足实验环境的要求，但毕竟由研究者人为设定，实验研究结果与实际情况还是有一定的差距。

（2）自然实验法。自然实验法指在日常工作环境下，对与实际生产活动有关的因素进行人为的适当控制，以促使被试某种心理现象的出现，具有很大的现实意义。自然实验法可以在自然情境下有意识地创造实验条件，研究过程比较方便，研究结果也更加符合实际。但是在实际研究过程中，由于复杂的现场作业环境的影响，自然实验法研究结果的准确性不如实验室实验法研究结果的准确性高。

2. 访谈法

访谈法是对目标人群通过交流访问获得资料的方法，常用的访谈法主要包括结构化访谈、半结构化访谈和焦点团体访谈等形式。

结构化访谈的对象必须是通过一致的标准和方法选择出来的，再在所有的对象中进行概率抽样，这是一种标准化访谈。访谈的问题、提问的次序及记录回答的方式都是一致的，因此更容易量化访问结果并且获得更广泛的使用率。结构化访谈能通过观察被访问者的面部微表情及其他态度行为得出除自填问卷外难以获得的非语言信息。除了个别访问，结构化访谈还可以采用集中访问的方式，由调查员提出问题，被访问员完成问卷，不仅大大提高了访谈效率，还能提高问卷的回收率和问题应答率，研究进程也因结构化访谈进展得更快。

半结构化访谈与结构化访谈的不同点在于它并无定向的标准化访谈，而是未明确访问大纲的非正式访问，因此要求也与结构化访谈大相径庭，对被访问者的条件及访谈问题的要求很粗略。一般是首先设计好访谈所需问题和提纲，并且适当地进行提问，及时整理归纳相关文献资料和收集被访谈者回答的信息；其次适当地做出回应；最后做好访问的记录，提炼分析并得出结论。半结构化访谈既没有结构化访谈的完全一致标准化，也没有非结构化访谈的完全自由。它更具有弹性，提问的顺序及记录回答的方式都可发生改变，访谈者也可以在访谈过程中通过被访谈者回答中的关键词来提出新的问题，因此更加灵活。

焦点团体访谈是研究者在较短的时间里，选取一个特定的事物或人，观察并记录目标对象对此的非正式讨论，得出大量的互动数据，最终获得各种不同的观点。这种互动不仅是研究者和目标群体的互动，还是目标群体间的互动。通过拥有一个或多个相似特征的人或事物组成的目标群体的互动，希望能产生研究人员未考虑到的想法及大众一致得出的观点，弥补了传统调查问卷的缺点，可以给研究人员提供量化资料无法给出的更深入的解释。

3. 扎根理论方法

1）扎根理论的概念

扎根理论（grounded theory）方法是一种质性研究方法，旨在对各种资料建立理论和假设的基础上凝练概念和确定范畴，从而由下而上构建实质理论。扎根理论通过科学地归纳、对比并进行分析，以质化资料为前提，不断发展创新理论，最终在系统收集资料的基础上寻找反映社会现象的新概念与思想，弥补了那些缺乏理论解释及理论解释不全的研究，并通过这些概念之间的联系得出相关的社会理论。

扎根理论认为深度分析材料，着重将理论从资料中提取，不断地归纳及整理，浓缩资料中由浅入深的知识，才可以逐渐构建理论框架。扎根理论认为理论必须从资料中产生，理论因为与资料的融合才被赋予了实际价值与用途，为人们的生活实践服务，因此，扎根理论要以初始资料为基础，并将经验事实作为依据。扎根理论在深度访谈或焦点会议的基础上获取资料，并通过理论抽样和持续比较来经营资料、构建理论，将研究问题理论框架化并通过清晰的故事线加以阐释，是适宜研究人类行为的方法之一。

2）扎根理论的步骤

扎根理论的流程图如图 1.3 所示。

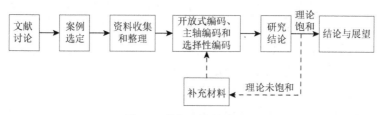

图 1.3　扎根理论的流程图

（1）对与研究内容有关的参考文献进行讨论，扎根理论认为深度分析文献，着重将理论从资料中提取，才可以逐渐构建理论框架。

（2）通过互相讨论得出一些与研究内容相关的案例及事件，并从中选出最贴切主题的案例进行着重分析。

（3）收集并整理有关资料，扎根理论通过科学归纳、对比分析，以质化资料为前提，不断发展创新理论，寻找反映社会现象的新概念与思想，不断归纳整理。

（4）通过访谈获取相关研究资料，对访谈资料进行分析归纳的过程称为扎根理论的编码过程，由开放式编码（open coding）、主轴编码（axial coding）和选择性编码（selective coding）构成。开放式编码的目的是发现概念和范畴并进行命名，以准确反映原始资料；主轴编码的任务是通过聚类挖掘来建立初始范畴间的关系并形成主范畴，这种关系包括逻辑关系、结构关系、同属性关系等；选择性编码是通过梳理主范畴的典型关系结构来挖掘核心范畴的过程。主轴编码后，通过进一步系统地梳理主范畴间的关系可以得到范畴间的典型关系结构，依托这些典型关系结构即可形成描述整个行为过程的"故事线"，从而发展出新的理论框架。

（5）通过使用开放式编码、主轴编码及选择性编码分析归纳访谈资料，来研究得出的结论。

（6）若理论饱和，可直接得出结论与展望，此次研究结束；若理论未饱和，说明材料与文献不足，理论无法从资料中完全得出，因此需补充资料，并重新使用开放式编码、主轴编码及选择性编码来分析归纳访谈资料并研究所得出的结论，直至理论饱和，得出结论与展望，此次研究才可结束。

4. 本书研究方法简介

本书研究将理论与实践相结合，对个体行为进行相关研究，研究方法包括情景模拟法、定性与定量法、聚类分析法、归纳演绎法、比较研究法、协同研究法，此类方法的简介如下。

（1）情景模拟法。情景模拟法指根据真实环境模拟出测试场景，由测试者观察被试在测试场景中的行为表现，按照相应的规范评定其行为。测评主要针对被试明显的行为和实际操作，一般通过口试、无领导小组讨论、上下级对话、公文处理等方法进行。在企业员工招聘中，无领导小组讨论方法应用广泛，能够在短时间内了解被试应急、应变、管理、领导、表达等多方面的工作能力。

（2）定性与定量法。定性与定量法是科学研究中的重要方法，定性指鉴别和确定人与事的特质；定量指参考确定标准、可以进行量化考核的测评方法。定性与定量缺一不可，互为依托，定性以定量为基础，定量以定性为目标。测试者可以通过量表、问卷等方式获得数据、分析数据，对人员的综合素质进行分析，做出公正的评价。

（3）聚类分析法。聚类分析法是通过数据建模从而使数据简化的方法，它将数据分到不同的类，同一类的数据相似性很强，不同类的数据差异性很强，这一分析方法更有利于将在研究内容现状中得出的数据进行对比，并得出更直观、简洁的结论。聚类分析法同时具有探索性，它在分类的过程中并无明显的分类标准，也没有明确的聚类分析使用的方法，将同一样本数据从不同角度进行聚类分析能得出不同的结论，使研究结果更加全面、可靠。

（4）归纳演绎法。归纳演绎法包括归纳和演绎两种方法，归纳法是由特殊到一般，对事实进行概括归纳的方法；演绎法是由一般到特殊，从一般原理到特殊结论的方法。安全管理的研究大多由特殊向一般转化，所以研究过程中使用较多的是归纳法。但是归纳法与演绎法在实际研究中缺一不可、密不可分，所以在安全管理的研究过程中必须将归纳法与演绎法相结合。首先，要想从搜集的资料中归纳出安全管理的基本原理，离不开演绎推理的作用；其次，由归纳推理所得的结论也需由演绎推理进行验证并做进一步的补充与修正。只有经过归纳推理和演绎推理的反复论证，最终得到的结论才具有实践性，才能经受住考验。

（5）比较研究法。比较研究法是将具有某种联系的事物放在一起进行对照和比较，发现事物之间的相同点和不同点的一种比较方法。比较研究法的客观基础在于事物之间的同一性和差异性，通过对不同领域、不同行业、不同地区、不同企业之间的安全管理活动进行比较，发现它们之间的相同点与不同点，对相同点进行归纳整理分析，进行反复补充验证，抽象出具有实践性的安全管理方法，进一步丰富安全管理理论。

（6）协同研究法。为了适应安全管理的复杂性、综合性、适用性、实践性的特点，研究过程中需要运用自然科学、行为科学、管理科学、社会科学等多学科知识，组织相关领域专家进行协同研究，这就称为协同研究法。在实际安全管理中，仅凭以上协同是远远不够的，为了检验管理成果的科学性，还需进行多方面的安全管理实践，这就要求一些企业主体参与协同，在实际工作中验证理论，真正做到理论联系实际，保证安全管理理论的实践性和科学性。

第一篇　大学生危机行为篇

第2章 大学生危机行为相关概述

2.1 研究背景及意义

2.1.1 研究背景

近年来,高校的危机事件偶有发生。

大学生危机行为是学生个体因遭遇超出自身应付能力及掌控之外的事件或境遇,心理和生理压力不能得到有效缓解而导致的行为、情感和认知等方面的功能失调,进而发展成为以伤害自己或他人的身体甚至生命为目标的危机行为。探索导致大学生危机行为发生的根本因素对有效避免此类危机行为的发生具有重要意义,对今后促进大学生的健康成长有着意义非凡的作用。

积极引导与帮助易发生大学生危机行为的潜在人群,不断加强思想政治建设从而营造出和谐良好的氛围,不断发挥学生素质教育在育人过程中的积极导向作用,可以达到将学生从心理阴影中拉出,形成健康健全的心理品质的目的。大学生危机行为还会阻碍学生对生命价值的理解,在遇到困难险阻时无法感受到生命的积极意义。健全高校师生的危机防控机制、减少大学生危机行为事件的发生并创建一个健康和谐的教育环境,是我国全面实现教育现代化、促进高校人才积极发展的重要内容。

造成大学生危机行为的原因错综复杂,要想维护高校学生的安全,应从合理疏导学生心理的角度出发,深入分析大学生危机行为发生的影响因素。如果能够理清大学生危机行为发生的机理及各影响因素之间的联动关系,并且在大学生危机行为演变过程中进行有效的干预防控,那么将对防控大学生危机行为的发生产生重要影响。因此,从复杂交织的影响因素中研究分析大学生危机行为发生的机理和防控策略具有十分重要的意义。同时也需要更系统地研究大学生危机行为的变化对其策略选择的影响,并为高校制定合理有效的措施提供借鉴性建议。

2.1.2 研究意义

从理论意义上讲,本章从管理科学和行为科学的角度出发,结合大学生危机行为防控策略的研究及前人的研究成果,将扎根理论、层次分析法纳入大学生危机行为研究体系，运用 CiteSpace 软件中的频率统计与大学生危机行为发生的影响因素来探究各影响因素的交互作用关系，弥补以往研究方法的不足。此外，采用半结构化访谈方式，通过研究编码凝练出系统、全面的影响因素集合并详细解释了各影响因素之间的联动关系，进一步补充完善高校危机管理理论。

从实践意义来讲，通过 Fuzzy-DEMATEL 模型构建大学生危机行为指标体系，得出各影响因素之间的相互关系及影响大学生危机行为的关键因素，对高校与其他管理部门制定科学的学生管理原则与方法，防控大学生危机行为的发生及减弱大学生危机行为发生带来的负面影响具有重要的现实指导意义。

2.2 大学生危机行为的研究现状

2.2.1 大学生危机行为发生原因的研究述评

通过整理相关研究成果可知，大部分学者从心理学、精神病学和神经学的角度对大学生危机行为发生的原因进行了研究。

心理学方面的学者认为，学生不良的认知、情绪（Ellis and Newman，1996）、人格、人际关系、社会关系（臧刚顺，2012），以及与此相关的家庭、社会（Sands and Dixon，1986）、教育（Barnes et al.，2012）、健康（Aguilar，2014）等都会导致大学生危机行为的发生。早期从事心理学方面行为研究的学者认为行为的产生是一个简单而短暂的过程（Agnew，1992）。

后来，随着研究的不断深入，学者逐渐意识到大学生危机行为的发生是一个多因素综合影响下的复杂过程，如部分学者从社会交往和人际关系的角度展开研究，发现社交孤立是导致大学生危机行为发生的重要原因之一（Holt-Lunstad et al.，2015）。Goodwill 和 Zhou（2019）研究了不同的种族群体中感知的公众耻辱感和自我伤害倾向之间的联系，证实公众耻辱感是一种有害的心理关联，对感知的公众耻辱感的认可程度越高，对自己产生危险行为的意念、计划和企图产生的概率就越高；O'Neill 等（2018）通过对北爱尔兰的 739 名学生进行调查发现，童年逆境和精神健康障碍是大学生产生危机行为的重要因素；McKinnon 等（2016）发现孤独、有限的父母支持及酗酒和吸烟等是大多数国家的青少年产生危机行为的原因；Ganson 等（2021）使用多变量逻辑回归分析来估计心理灵活性与自我报告的攻击行为实施史之间的关联，结果显示，低心理灵活性会增加发生攻击行为的概率。Sarper 等（2017）以土耳其的 52 名青少年为样本研究产生危机行为严重程度和心理社会因素之间的联系，结果表明具有犯罪家族史和注意缺陷多动障碍的青少年产生危机行为的严重程度会更高；Chung 等（2020）基于病例对照研究设计，以韩国的 251 名青少年为样本进行问卷调查，研究得出多动症和自尊心强是预测青少年产生危机行为的重要因素，为了预防青少年产生危机行为，需要对多动症或自尊心强的青少年给予特别的关注和考虑；Ganson 等（2022）研究了暴饮暴食与危机行为实施之间的关联，指出饮食失调风险升高与大学生的危机行为显著相关；Hall 等（2016）通过研究发现，酒精、烟草和非法药物使用可能会导致进一步的健康风险行为，如心理健康问题、攻击行为、认知障碍等。

国内学者 Zhou 等（2017）通过问卷和量表调查影响大学生攻击性的因素，表明大学生的攻击性行为与性别、家庭和学校三个因素独立或者组合相关；王中明等（2014）通过对青少年进行量表调查分析，发现青少年的社交障碍和抑郁与父母冲突有密切关系；袁翠松等（2014）通过建立大学生攻击行为模型发现，大学生攻击行为受人格变量的直接和间接影响，而自尊对大学生攻击行为仅产生直接影响；林汉文等（2019）提出了心理危机行为，具体为生长性危机和境遇性危机，这两种危机会影响大学生危机行为，呈现情绪行为反应、直接行为反应极端化和认知行为反应、生理行为反应偏离常态化并存的特征。

精神病学方面的学者认为，大学生危机行为与个体健康状况密切相关。Aguilar（2014）通过研究指出大部分自我伤害行为与精神疾病有关；Martin 等（2019）探索性地研究了 LGBTQ 社区的精神疾病患者及其他经历过心理危机的人，得出政策的不健全和标准的不统一对个体身心状况的康复产生巨大的阻碍；DePasquale 等（2020）认为自我调节能力和应对技能的显著提高与引入压力降低策略有关，但与攻击性行为无关，基于精神状态的压力降低策略能改善危机行为带来的影响；Fofana 等（2020）通过阐述在发生疫情时世界各国人民的消极恐慌的态度甚至抑郁，提出解决精神上的问题与积极保持乐观态度也是阻止危机行为传播的有利因素；吴晓薇等（2015）认为，大学生群体中社交焦虑程度较高的个体，其情绪调节自我效能感较低，而对自我情绪调节的消极认知影响着个体对负面情绪的控制，进而出现攻击行为。

还有一些学者将大学生危机行为纳入神经学研究领域，认为大学生危机行为的发生受基因的控制，Boldrini 等（2005）指出 TPH-IR 是 TPH（tryptophan hydroxylase，色氨酸羟化酶）酶量的指标，相比于正常人群，抑郁且存在自我伤害行为的人群的 TPH 含量会更高，这可能是个体针对血清素释放受损或自身受体激活较少而做出的一种上调的稳态反应；Muhlert 和 Lawrence（2015）检测了与鲁莽和基于感性的消极冲动有关的大脑结构，证明了前额皮层、颞极和腹部纹状体中的灰质体积越小，在应对激烈的负面情绪时越倾向于产生鲁莽、欠考虑的行为；Ganpo-Nkwenkwa 等（2022）评估了儿童时期相关伤害幸存者的长期功能、心理和情感结果，结果表明，受到创伤性损伤的人员若没有持续的医疗和心理支持，极易发生危机行为；Reul 等（2015）认为糖皮质激素在应对压力挑战时发挥着关键作用，基因缺陷与生活逆境结合使体内平衡机制受损，进而导致危机行为的发生。此研究结果表明，通过观察大脑结构的差异可识别那些具有高风险危机行为的人。因此通过观察人的某些生理指标的变化来识别具有潜在危机行为的大学生是可行的。

上述研究为大学生危机行为的进一步深入探索提供了坚实的基础，但后续研究应着重补充以下两方面内容。一方面，大学生危机行为产生的影响因素体系需进一步完善。Hjelmeland 等（2008）提出社会文化差异是危机行为研究不可忽视的重要因素，发达国家和发展中国家中个体的危机行为发生的原因是有差别的。因此，需要梳理不同文化背景下的危机行为发生的影响因素，找到一般影响因素集合，并基于扎根理论和案例研究，进一步构建中国社会转型期大学生危机行为发生的影响因素集合。另一方面，分析危机行为发生的机理。危机行为发生机理的研究是对危机行为进行有效防控的必要前提，需结合定量方法探索危机行为发生的各影响因素之间的联动关系及其作用方式，理清危机行为发生的机理。

2.2.2　大学生危机行为机理的研究述评

Mohammad 和 Nooraini（2021）选取了 232 名缺乏有能力的监护人监督、具有犯罪动机和非正常社交的青少年作为研究对象。研究表明父母监管下青少年危机行为发生概率明显下降；Nnaji（2015）认为对经历创伤后的情绪控制是阻断危机行为发生的关键；陶希东（2015）基于危机行为发展的阶段进行补充，指出强化专职机构建设、构建多元综合服务网站、营造良好社会氛围等后期干预措施能够有效减少危机行为的再次发生；李峰（2011）提出正面价值观教育与心理辅导、心理干预的良性互动对具有心理危机的学生有显著的干预效果；王明忠等（2014）以父母冲突为变量，构建了拟合度更佳的认知-情境理论和情绪安全感理论的模型，通过认知评估得出导致青少年情绪不安、影响青少年社交焦虑和抑郁的因素；甘霖（2013）探讨了大学生心理危机干预网络的优化，认为通过提高大学生心理危机干预的效度可提升其心理健康水平；罗新玉等（2012）基于心境一致性假设，应用反向眼动实验得出大学生的抑郁情绪与正常情绪相比，认知加工速度缓慢，且对高兴、悲伤刺激存在眼动抑制困难这一结论。

有学者从单一角度出发来研究大学生危机行为的发生机理。Song 等（2019）采用多元逻辑回归方法实证得出心理压力会导致危机行为，个体的应对方法是预防危机行为的关键因素；Choi 等（2018）研究了亚洲国家的家庭形式对青少年对网络游戏成瘾的影响机制，指出双收入家庭形式是青少年对游戏成瘾的关键因素；Hoare 等（2016）通过对文献进行总结，指出青少年的久坐行为会对心理健康产生负面影响；Shayo 和 Lawala（2019）对坦桑尼亚的在校青少年进行相关调查发现，遭受过同伴伤害的青少年更容易发生危机行为；Huang 等（2018）

指出经历过同伴伤害的青少年面临更高的负面健康后果风险；石娟等（2016）基于解释结构模型，建立了导致大学生生命危机行为产生的影响因素层级递阶结构模型，用此方法明确致使大学生危机行为产生的直接因素、关键性因素、根源性因素以及危机行为产生的路径和作用机理；Shen 等（2020）以 4882 名中国医学生为样本，对注意缺陷多动障碍、抑郁与焦虑之间的影响机制展开研究，发现患有注意缺陷多动障碍的儿童更有可能表现出抑郁和焦虑等情绪障碍；近年来也有学者探讨了新冠疫情背景下大学生的压力感知、心理灵活性对抑郁的影响机制，发现心理灵活性越低的内控型大学生越容易受到疫情压力感知的影响，从而引发抑郁。

还有学者进一步从中介变量入手来研究危机行为的发生机理。Wang 等（2019）通过研究抑郁、社会焦虑、神经质与网络欺凌行为之间的作用机制发现，神经质水平较低的大学生更容易受到网络欺凌行为或社交焦虑的影响，而网络欺凌行为可以直接或通过社交焦虑这一中介变量间接对抑郁起到预测作用；赵宝宝等（2018）研究了家庭功能对网络欺凌行为的作用机制，揭示了黑暗人格与自我控制在家庭功能和网络欺凌行为关系中的链式中介作用；陈刚（2016）探讨了中国户籍制度下人口迁移与青少年危机行为之间的联系，通过实证分析指出亲子分离式劳动力的迁移形成大量留守儿童，继而导致迁出地青少年危机行为显著增加；金童林等（2020）通过研究社会逆境感知对大学生攻击行为的影响机制发现，社会逆境感知可以通过反刍思维间接导致大学生攻击行为；张璐等（2017）基于认知-新联结理论和特质一致性理论，揭示了儿童期的心理虐待可以通过特质愤怒这一中介变量导致大学生网络攻击行为；李小新等（2019）基于阶层的社会认知理论和容量模型，指出家庭社会阶层通过先影响心理社会资源，再影响拒绝敏感性这一链式路径导致社交焦虑；丁子恩等（2018）指出自尊不仅可以直接影响大学生网络过激行为，还可以通过影响大学生的社交焦虑间接影响大学生网络过激行为。

也有学者通过系统建模的方式对不安全行为或不安全行为传播机理展开了研究。石娟等（2019）基于小世界网络模型研究了大学生危机行为的传播机制，发现小世界效应越强的网络，危机行为传播得越快；朱黎君等（2020）基于结构方程模型检验了社会排斥对大学生网络偏差行为的影响机制，指出社会排斥越高，越容易出现大学生网络偏差行为。

以上研究为本书的研究奠定了一定的基础，但考虑到个体的主观能动性，在不同情景下可能表现出不同的行为，且其行为具有复杂性、不确定性和易变性的特点，而对危机行为发生机理的研究是对危机行为进行有效防控的必要前提，需结合定量方法探索危机行为发生的各影响因素之间的联动关系及作用方式，确定能抑制危机行为发生的关键因素，从而理清危机行为发生的机理。

2.2.3　危机行为防控策略的研究述评

为了防止学生危机行为的发生，各学者提出了不同的防控策略。瑞典的众多研究学者在 2008 年推出了防控危机行为的六大战略体系，包括国家政策、预防和干预、知识教育、信息与社会关系、网络和合作、评估和研究（Spiel et al.，2012）；美国各州政府制定的反欺凌法律在一定程度上降低了青少年遭受校园欺凌的风险，但依然存在些许漏洞。Hatzenbuehler 等（2017）指出反欺凌立法在减少基于性别和体重的欺凌及网络欺凌方面起到的作用微乎其微；Puhl 等（2017）则进一步提出要改善反欺凌法律和政策，降低青少年因体重问题遭受欺凌的风险，并重点探讨了父母的态度对加强现有的反欺凌法律的重要性；Harrer 等（2018）认为以网络和手机为基础的心理健康干预在缓解大学生心理压力、破除心理障碍及吸引抑郁症患者主动寻求帮助方面是经济且有效的；国内学者李芳霞（2017）认为要对校园危机行为进行综合防治和系统干预，需要家庭、学校、政府等各个主体共同参与；侯艳芳和秦悦涵（2019）认为预防校园危机行为应在政府主导与司法协同下，由学校主动配合建立预防体系，促进一般性预防和特殊性预防相结合；李永升和吴卫（2019）认为防范校园危机行为需要采取抑制内在动因与消除外在诱因相结合的方式，即在加强青少年学生自我控制能力的同时减少诱发校园危机行为的机会。

上述学者关于危机行为的防控主要是针对某一特定因素进行研究，还有一些学者认为对处于不同阶段的危机行为应采取不同的防控策略。

Niolon 等（2019）认为在青春期进行早期干预可以防止青少年在谈恋爱时的不安全行为，提出构建全面的针对社会生态各层次的综合预防模式可减少青少年的不安全行为；Mars 等（2019）认为临床医生询问青少年药物使用、睡眠、人格特征等因素，有助于确定哪些青少年在未来有可能产生危机行为，从而对其行为进行早期干预；King 等（2019）指出由青少年提名的支持小组（youth-nominated support team，YST）可为有危机行为倾向的青少年提供心理教育和社会支持干预，在危机行为发生前期降低风险；Ojio 等（2021）认为通过课本教育提高日本青少年的心理健康素养，可以推动青少年精神疾病的早期干预和预防；Asarnow 等（2017）基于社会生态的认知行为理论强调加强以家庭为中心的治疗，在危机行为发生后期进行干预，可以帮助青少年减少危机行为；国内学者栾海清（2016）认为高校通过构建大学生心理自助能力培养机制可以有效减少危机行为的发生；陈玉梅和陈珊珊（2017）认为可以通过自媒体平台及时了解学生的心理动态，对产生心理危机的学生进行引导干预，可减少极端行为的发生；高雯等（2017）提出要构建心理危机干预的任务模型代替以往的阶段模型；姚斌（2019）认为可以通

过加强"医校结合"工作，构建心理健康服务体系，预防心理危机的发生，促进
精神疾病患者的治疗和康复；胡义秋和刘正华（2019）认为高校加强以教师和朋
友共同支持为主的干预训练有利于缓解大学生的抑郁情绪；骆莎（2020）认为当
前大学生的心理危机干预应实现从消极干预向积极干预、后期干预向前期干预、
单一干预向协同干预、泛化干预向精准干预转变的现代转型。

　　然而，上述学者的研究仍然不能有效防控大学生的危机行为，原因是他们主要
针对某一因素进行干预防控，或针对某一阶段进行干预防控，忽视了危机行为的发
生受各因素的影响及危机行为的发生是由前期到中期再到后期逐步演化的过程。此
外，国内外学者对已经存在危机行为的对象进行的防控对策的研究，只是达到了一
个治标的效果，并不能从根本上有效地防控危机行为的发生。因此，若要达到治本
的效果，应在充分考虑危机行为发生后的干预策略的同时，对危机行为发生的整个
过程进行深入研究，在理清危机行为发生机理的基础上，在危机行为发生之前对危
机行为进行防控。只有这样才能最大限度地避免、减少由危机行为带来的社会损失，
从根源上避免悲剧的发生，从整个社会层面改善我国当前大学生危机行为的现状。

第 3 章　大学生危机行为影响因素分析

3.1　研究方法概述

3.1.1　文献分析法和聚类分析

本章运用文献分析法对国内外大量的相关资料、文献进行整理、归纳、提炼和分析，形成本章的理论研究基础。根据研究资料对我国目前大学生面对的危机行为现状进行分析，确定在校大学生为主要研究对象，并借鉴了国内外学者在大学生危机行为影响因素分析、解决对策等方面的相关理论研究成果，作为本书的研究基础和理论依据。在此基础上，采用实地调研的方式获取样本数据，针对研究结果进行相应的实证分析，如运用误差修正模型分析，使研究更具有可靠性和现实意义。

聚类分析是通过数据建模从而使数据简化的方法，它将数据分到不同的类，同一类的数据相似性很强，不同类的数据差异性很强，这一分析方法更有利于将本章中研究我国目前大学生危机行为现状得出的数据进行对比，并因此得出更直观、更简便的结论。聚类分析具有探索性，它在分类的过程中并无明显的分类标准，也没有明确的聚类分析使用的方法，将同一样本数据从不同的角度进行聚类分析能得出不同的结论，使研究结果更加全面及可靠。

3.1.2　结构化访谈、半结构化访谈、焦点团体访谈法

根据 1.3.3 节中提到的，访谈法分为结构化访谈、半结构化访谈和焦点团体访谈法，结构化访谈的对象是通过一致的标准和方法选择出来的，并在对象中概率抽样。而半结构化访谈和结构化访谈这一标准化访谈不同，半结构化访谈并无定向的标准化访谈，对访谈问题及被访谈者条件都无明确要求。本研究团队也采用半结构化访谈的方式，在访谈前两日告知受访对象并说明大学生危机行为的概念，以便其做好时间安排和确保对主题的正确理解。访谈过程中，采访者多以探讨的方式与受访对象进行互动，营造轻松、自主的谈话氛围，避免话题敏感尖锐化。焦点团体访谈则是研究者在较短的时间里，选取一个特定的事物或人，观察并记录目标对象对此的非正式讨论，结合大量数据最终得出观点。

在本章中主要是为了刺激我国在校大学生对危机行为的感观及想法，从而获得大学生的主观意愿。通过采用焦点团体访谈能够获取我国在校大学生的看法，从而解释事件背后的原因，它弥补了传统调查问卷的缺点，可以给研究人员提供量化资料无法给出的更深入的解释。

3.1.3　Fuzzy-DEMATEL 模型

1. 概念

1）决策试验评价实验方法

决策试验评价实验（decision making trial and evaluation laboratory，DEMATEL）方法由位于日内瓦研究中心的 Battelle 纪念协会创立。因为其容许不确定性和主观性的变量和数据，所以它也是进行因素分析与识别的有效方法，并且可以用来筛选复杂的主要因素，从而达到简化系统结构的效果。DEMATEL 方法基于专家的知识和经验，运用图论理论与矩阵运算来分析系统因素，得出各因素间的逻辑关系，并通过计算影响度、原因度、被影响度及中心度，最终找出复杂系统的重要影响因素。此方法更有利于处理具有不确定性的要素关系的系统，在解决大学生发生不确定的危机行为这一方面有巨大的作用。

DEMATEL 方法的几个关键定义如下。

定义 3.1　定义直接影响矩阵 $B = (b_{ij})_{n \times n}$，其中 b_{ij} 为第 i 个指标对第 j 个指标的影响程度。

定义 3.2　直接影响矩阵经标准化处理后，得到的标准化直接影响矩阵为 X。定义 $X = s \cdot B$，其中：

$$s = \frac{1}{\max\limits_{1 \leqslant i \leqslant n}\left(\sum\limits_{j=1}^{n} b_{ij}\right)}, \quad i, j = 1, 2, \cdots, n \tag{3.1}$$

则

$$X = (x_{ij})_{n \times n} = \frac{1}{\max\limits_{1 \leqslant i \leqslant n}\left(\sum\limits_{j=1}^{n} b_{ij}\right)} \cdot B \tag{3.2}$$

定义综合影响矩阵：

$$T = X(I - X)^{-1} \tag{3.3}$$

式中，$(I-X)^{-1}$ 为 $I-X$ 的逆；I 为单位矩阵。

定义 3.3 定义各指标的影响度和被影响度，其中：

$$T = (t_{ij})_{n \times n}, \quad D = (t_i)_{n \times 1} = \left(\sum_{j=1}^{n} t_{ij} \right)_{n \times 1}, \quad R = (t_j)_{1 \times n} = \left(\sum_{j=1}^{n} t_{ij} \right)_{1 \times n} \tag{3.4}$$

式中，矩阵 T 的行阵之和即该指标对其他所有指标的影响程度的总和，称为影响度（D）；矩阵 T 的列阵之和即该指标受其他所有指标的影响程度的总和，称为被影响度（R）。

将 $D+R$ 定义为指标的中心度，它越大，证明此指标越重要。将 $D-R$ 定义为指标的原因度，可以用来区分原因组和结果组，如果指标的 $D-R$ 大于 0，则表明此指标属于原因组；如果指标的 $D-R$ 小于 0，则表明此指标属于结果组。在系统内的所有影响因素中，结果组中的元素是原因组中元素的影响结果。

2）三角模糊数法

在 DEMATEL 方法中，建立直接关联矩阵是分析各指标之间影响关系的关键，而直接关联矩阵一般由专家组通过主观判断建立。由于现实问题的复杂性、评价的不确定性和专家个体之间的异质性，决策结果往往不是确定的数值而是模糊的语义表达，这很大程度地影响了 DEMATEL 方法应用后的结果分析。

鉴于 DEMATEL 方法的不足，本章尝试引入三角模糊数对初始的直接影响矩阵进行处理，以期解决 DEMATEL 方法中的专家判断模糊问题，降低专家打分过程中的主观性，提高 DEMATEL 方法的精确性。

三角模糊数法是将模糊的不确定的语言变量转化为确定数值的一种方法，应用三角模糊数法能很好地解决被评价对象因为无法准确度量而只能用自然语言进行模糊评价的矛盾。三角模糊数法可以通过语义转化表（表 3.1）将专家评估后的语言变量转化为具体的数值。其中，定义 l 和 r 分别是三角模糊数的下界和上界，m 是可能性最大的值，用 $a = (l, m, r)$ 表示三角模糊数，其中 $0 \leqslant l \leqslant m \leqslant r \leqslant 1$。

表 3.1 语义转化表

语义量表	影响分值	对应的三角模糊数
没有影响	0	(0, 0, 0.25)
影响很弱	1	(0, 0.25, 0.5)
影响弱	2	(0.25, 0.5, 0.75)
影响强	3	(0.5, 0.75, 1)
影响很强	4	(0.75, 1, 1)

由于三角模糊数的形式不适用于矩阵运算，需要进一步去模糊化。采用 Opricovic 和 Tzeng（2003）提出的将模糊数据转换为清晰分数（converting the fuzzy data into crisp scores，CFCS）方法去模糊化，用得到的三角模糊数中的最小值和最大值来确定左右标准值，进而确定用清晰分数表示专家评估后得到的加权平均值，具体步骤如下。

（1）对三角模糊数进行标准化处理，以期降低专家打分过程中的主观差异性。

$$\begin{cases} \mathrm{xl}_{ij}^k = \left(l_{ij}^k - \min_{1 \leqslant k \leqslant K} l_{ij}^k \right) \Big/ \Delta_{\min}^{\max} \\ \mathrm{xm}_{ij}^k = \left(m_{ij}^k - \min_{1 \leqslant k \leqslant K} l_{ij}^k \right) \Big/ \Delta_{\min}^{\max} \\ \mathrm{xr}_{ij}^k = \left(r_{ij}^k - \min_{1 \leqslant k \leqslant K} l_{ij}^k \right) \Big/ \Delta_{\min}^{\max} \end{cases} \tag{3.5}$$

式中，$\Delta_{\min}^{\max} = \max r_{ij}^k - \min l_{ij}^k$；$K$ 为专家个数；i、j 代表第 i 个和第 j 个指标。

（2）计算左右标准值。

$$\begin{cases} \mathrm{xls}_{ij}^k = \mathrm{xm}_{ij}^k \Big/ \left(1 + \mathrm{xm}_{ij}^k - \mathrm{xl}_{ij}^k \right) \\ \mathrm{xrs}_{ij}^k = \mathrm{xm}_{ij}^k \Big/ \left(1 + \mathrm{xr}_{ij}^k - \mathrm{xm}_{ij}^k \right) \end{cases} \tag{3.6}$$

（3）计算总标准值。

$$x_{ij}^k = \left[\mathrm{xls}_{ij}^k \left(1 - \mathrm{xls}_{ij}^k \right) + \mathrm{xrs}_{ij}^k \mathrm{xrs}_{ij}^k \right] \Big/ \left(1 + \mathrm{xrs}_{ij}^k - \mathrm{xls}_{ij}^k \right) \tag{3.7}$$

（4）得到第 k 位专家量化后的得分。

$$\mathrm{BNP}_{ij}^k = \min l_{ij}^k + x_{ij}^k \Delta_{\min}^{\max} \tag{3.8}$$

（5）得到 k 位专家的综合量化得分。

$$w_{ij} = \frac{1}{K} \sum_{k}^{1 \leqslant k \leqslant K} \mathrm{BNP}_{ij}^k \tag{3.9}$$

利用三角模糊数的特点，将专家对影响因素的评判信息更科学地转化为明确、清晰的分数，并通过 CFCS 法进行去模糊化处理，得到大学生危机行为影响因素的相互关系之间的权重情况。

3）Fuzzy-DEMATEL 模型构建

Fuzzy-DEMATEL 模型的构建建立在由因素之间彼此影响所导致的模糊性及各学者的经验语义化，并需要用模糊数学概念而形成的因素分析方法之上。DEMATEL 方法基于专家的知识和经验，运用矩阵运算，剖析因素的关联程度和影响程度，但因数值准确而不适合表示因素间复杂的影响程度，而 Fuzzy-DEMATEL 模型可弥补 DEMATEL 方法的缺陷。通过引入模糊数学的概念对专家的判断进行模糊化处理，运用 Fuzzy-DEMATEL 模型来确定大学生危机行为的关键因素，分析静态和动态两个维度，对同一阶段不同因素的重要性进行排序，进而确定关键因素，来降低专家意识的主观性和模糊性。

2. 步骤

（1）构建科学的大学生危机行为的影响因素评价指标，确定影响因素。采用文献综述、案例分析等方法，找出可能影响大学生危机行为的相关影响因素，根据自身的认知水平和实践经验，结合专家意见和相关信息的采集，将影响因素归类整理，形成评价指标体系。

（2）设立专家小组，评估影响因素的关系，采用三角模糊数法获得初始数据。邀请专家对大学生危机行为影响因素之间的相互影响关系进行评估，建立五个度量标准，分别为没有影响、影响很弱、影响弱、影响强、影响很强，并分别用 0、1、2、3、4 表示。通过语义转化表（表 3.1）将专家评估结果转化为三角模糊数，采用 CFCS 法对其进行去模糊化处理，得到明确的数值，由此得到影响因素之间相互影响程度的初始值。

（3）构建大学生危机行为的影响因素矩阵，采用 DEMATEL 方法分析各影响因素之间的影响关系，作出因果关系图。将之前得出的初始值构建成直接影响矩阵 B，根据 DEMATEL 方法的相关定义，利用 MATLAB 软件进行矩阵运算，得到标准化直接影响矩阵 X，进一步处理得到综合影响矩阵 T。通过综合影响矩阵 T 计算各影响因素的影响度 D 和被影响度 R，进而得到中心度 $D+R$ 和原因度 $D-R$，最终得到原因组和结果组，从而作出反映各影响因素之间关联程度的因果关系图。

（4）对结果进行分析，判断每个影响因素在系统中的位置关系，得出首要因素及关键因素，并提出对大学生危机行为相关的建议及展望。

3. 应用

DEMATEL 方法基于专家的知识和经验，运用矩阵运算，剖析因素的关联程度和影响程度，但因数值准确而不适合表示因素间复杂的影响程度，而 Fuzzy-DEMATEL 模型可弥补 DEMATEL 方法的缺陷。这个由模糊数学概念形成的因素分析方法会模糊化处理专家的判断，从而得出关键因素。

在供应链领域中，黎继子等（2019）对一种商品进行设计、供应、生产及销售这一供应链过程，以模糊有序加权平均（fuzzy ordered weighted averaging，

Fuzzy-OWA）为分析方法，对产品开发的众包供应链风险进行评估，再建立DEMATEL 模型，以原因和结果为突破口分析出供应链发展的主要风险因素，最后给出对策及建议；冯长利等（2016）认为从企业内部、外部环境、知识客体及企业间层面四个方面提出 18 个供应链企业间知识创造影响因素，得出供应链获得成功的关键点在于供应链企业间知识创造，采用 Fuzzy-DEMATEL 模型分析其重要程度及因果类别，得出预期知识价值和合作意愿及倾向分别为最重要的原因因素和结果因素，最后给出对策及建议；王静等（2015）认为供应链在竞争环境下是一个整体的具有不确定性的多功能网链结构，因此难以界定其风险性，为了弥补供应链微观层面的理论，采用模糊 DEMATEL 方法建立农产品供应链风险因素指标体系并分析其影响因素；邓倩玉和王宇奇（2020）提出我国原油稳定供应和炼化企业正常运转的关键在于提升供应链的弹性，并以吸收能力、适应能力及恢复能力为基础构建我国原油供应链弹性的影响因素。采用Fuzzy-DEMATEL 模型分析 20 种影响因素及其关系，得出库存管理能力、供应源数量及信誉、管理者的决策、企业文化及资金储备是关键，并对我国今后供应链弹性的提升提出对策。

在企业经济行业中，安景文等（2018）认为近年来企业对质量文化的建设越来越重视，并建立质量文化建设测评体系，采用 Fuzzy-DEMATEL 模型汇总并筛选测评指标，得出质量文化建设测评体系的关键指标，更好地加强企业质量文化建设工作，为今后检测企业质量文化建设水平做铺垫，大大提升了企业质量文化建设水平；王林秀等（2018）运用 MATLAB 软件计算影响度、中心度、被影响度及原因度，并基于 Fuzzy-DEMATEL 模型将影响因素的重要度进行排序，得出影响因素在养老地产平台全生命周期的演化特点和动态演化，引导今后养老地产平台企业在不同阶段制定不同的运营策略；荆瑶和王娟茹（2014）在文献收集与调研访谈方法的基础上，构建了跨国公司回任人员知识转移影响因素体系，并采用 Fuzzy-DEMATEL 模型得出影响因素的关系及关键性的影响因素，在分析结果的基础上提出对未来的展望和促进跨国公司回任人员知识转移的建议；王晓莉等（2014）以食品企业为例，运用 Fuzzy-DEMATEL 模型及网络分析法（analytic network process，ANP），得出影响食品企业低碳生产的关键因素及比重分布，影响生产主动性的关键因素是政策监管和技术创新能力，这也是占比最高的两项，能源消耗和企业规模的占比其次，最后指明政策的含义。

在科技管理行业中，谢茜等（2018）从四个维度分析了军民融合的问题，构建了后勤保障制约的因素体系，并采用 Fuzzy-DEMATEL 模型分析制约因素的关系及作用，得出后勤保障制约的关键因素，引导今后理论依据及实用操作方法的发展；程铁军和冯兰萍（2018）认为食品安全问题是由多种风险因素和复杂关系造成的，将基于爬虫技术得出的 2011～2015 年食品安全新闻的数据和舆论情报融合，采用 Fuzzy-DEMATEL 模型构建了食品安全风险预警因素体系，并分析因果类别和重要程度，得出影响食品安全的关键因素；隋立军等（2018）采用 Fuzzy-DEMATEL 模型分析了影响因素的因果关系，得出了影响绿色养老社区建设的关键因素是节能减耗的结论，为今后绿色养老社区的建设与管理做好了铺垫；郭琦等（2016）通过三角模糊数法来构建隐形成本影响因素指标体系，采用 Fuzzy-DEMATEL 模型计算影响因素的中心度和原因度及影响因素间的关联程度，从而发现主要影响因素是管理体制、施工组织、人员组织、自然条件、物资保障及运行机制；卢新元等（2017）归纳整理了众包平台、接包平台及发包平台三方面影响众包的十四种因素，运用 Fuzzy-DEMATEL 模型研究了各影响因素的中心度、原因度及它们之间的关联程度，发现主要影响因素是任务难易程度、项目规模及赏金数额。

在图书情报行业中，杨雪莉和曹志梅（2015）采用 Fuzzy-DEMATEL 模型得出高校图书馆质量评价指标权值算法，并从质量评价指标内部关联程度的角度，通过引入模糊数学的概念和计算分析一级指标权值来降低专家的不确定性和主观性；程慧平和彭琦（2019）采用 Fuzzy-DEMATEL 模型分析云存储服务技术安全风险因素的关联程度及重要程度，发现访问控制、虚拟化漏洞、软件安全风险及数据传输安全是关键的影响因素。

3.1.4　层次分析法

1. 概念

层次分析法包含建立层次结构模型、构造判断矩阵、层次单排序及其一致性检验和层次总排序及其一致性检验四个步骤。它把一个复杂问题分解为各个组成因素，并按支配关系对这些组成因素进行分组，因此也适合于目标值难以定量描述的决策问题，将它形成一个有序的递阶层次结构。层次分析法于 20 世纪 70 年代中期由 Saaty 基于实情提出，它将决策者对事物的评价的主观思维模型化，从定性变成定量。通过比较确定层次中各组成因素的重要性，结合人的主观性对相关重要性进行总排序。

2. 步骤

（1）建立层次结构模型：定量化决策者的经验判断，并且分层分级处理从评价对象中提取出的指标，一般是将大的较笼统的指标一直细分，指标越多，细分越细化，定义有关各个因素，提高了决策依据的准确性。目标层为大学生危机行为影响因素的分析，指标层为本书给出的指标，方案层为大学生危机行为的种类。

（2）构造判断矩阵：首先基于九级标度法构造判断矩阵，如表 3.2 所示；其次通过对实践经验的分析，分别对指标进行两两对比，构造判断矩阵，如表 3.3 所示。

表 3.2　九级标度法

标度	含义
1	对比两元素，有相同的重要性
3	对比两元素，元素 m 比元素 n 稍微重要
5	对比两元素，元素 m 比元素 n 明显重要
7	对比两元素，元素 m 比元素 n 强烈重要
9	对比两元素，元素 m 比元素 n 极端重要
2, 4, 6, 8	为上述相邻判断的中值

表 3.3　判断矩阵

T_k	B_1	B_2	...	B_n
B_1	b_{11}	b_{12}	...	b_{1n}
B_2	b_{21}	b_{22}	...	b_{2n}
$\vdots$	$\vdots$	$\vdots$	$\vdots$	$\vdots$
B_n	b_{n1}	b_{n2}	...	b_{nn}

在这一判断矩阵中，对目标元素 T_k 来说，b_{ij} 是指标 i 对指标 j 通过两两比较得出的重要性的值，并且判断矩阵中的元素具有如下性质：①$b_{ij} > 0$；②$b_{ii} = 1$；③$b_{ij} = 1/b_{ji}$。

（3）层次单排序及其一致性检验：计算判断矩阵 B 的最大特征根 $\lambda_{\max}$ 和它对应的经归一化后的特征向量 W，W 的元素为同一层次因素 X 对于上一层次因素 Y 相对重要性的排序权重，对判断矩阵 B 求解最大特征根的公式为：$BW = \lambda_{\max}W$，BW 为特征向量 W 的判断矩阵。将经过归一化后的特征向量 W 作为本层次因素 $B_1, B_2, \cdots, B_n$ 对于目标元素 T_k 的排序权重。采用方根法计算指标 j 的权重 W_j，公式为

$$W_j = \sqrt[n]{\prod_{i=1}^{n} b_{ij}} \Big/ \sum_{i=1}^{n} \sqrt[n]{\prod_{i=1}^{n} b_{ij}} \tag{3.10}$$

在得到 $\lambda_{\max}$ 后，还需检验判断矩阵的一致性，进行一致性检验的步骤如下。

①计算一致性指标 CI：

$$CI = (\lambda_{\max} - n) / (n - 1) \tag{3.11}$$

式中，n 为判断矩阵的阶数。CI 与一致性有直接关系，CI 越小，越具有一致性；反之，CI 越大，越不具有一致性。

②查表得到平均随机一致性指标 RI。

③计算一致性比例 CR：

$$CR = CI/RI$$

当 CR＞0.1 时，判断矩阵的一致性是难以符合要求的；反之，判断矩阵的一致性是可以接受的。

（4）层次总排序及其一致性检验。

①建立呈递阶层次的结构，最高层次一般是目标层，中间层次一般是准则、子准则，而最低层次一般是决策方案。

②构造判断矩阵，与层次单排序所用方法相同。

③计算元素的相对重要性，与层次单排序所用方法相同。

④检验判断矩阵的一致性，与层次单排序所用方法相同。

⑤计算各个不同层次上的组合权重，假设上一层次因素 A_1，A_2，…，A_m 相对应的权重为 a_1，a_2，…，a_m，对应本层次因素 B_1，B_2，…，B_n，权重为 b_1^i，b_2^i，…，b_n^i，当 B_j 与 A_i 无联系时，$b_j^i = 0$，则显然有 $\sum_{j=1}^{n} b_j = 1$。

⑥对层次总排序的计算结果的一致性进行评价。

3. 应用

层次分析法结合定性方法与定量方法，将复杂的问题细分成若干因素，将决策者对复杂系统的决策思维过程模型化、数量化，再对它们之间进行两两比较，得出不同问题的解决方案的权重，最终得出最优选择。层次分析法比较适用于目标结构复杂且缺乏数据的情况和多准则、多时期的系统评价，因此它在国内的一些领域得到了广泛的应用。

在教育发展领域，邱文教等（2016）基于督导、教师、学生这些对象，构建了"效果检测、课堂教学、课堂表现"的探究式课堂教学指标体系框架，采用层次分析法及问卷调查构造判断矩阵并计算权重指标；李志河等（2019）采用层次分析法和德尔菲法，结合成熟度模型理论及准备度理论，构建了适应教育信息化2.0 发展需求的高等教育信息化发展的评价指标体系，比较判断矩阵并进行一致性检验；闫琼和张海军（2020）构建了高校双创教育质量评价指标体系，提出了基于模糊综合评价法建立的高校双创评价模型，并采用层次分析法对每一个判断矩阵进行层次单排序，确定各项指标权重，最后进行一致性检验。

在图书情报领域，夏立新等（2015）采用层次分析法和垃圾回收算法，构造了互联网下的数字图书馆的知识服务满意度评价体系，阐述了数字图书馆的知识服务满意度评价的研究现状和结果，结合数字图书馆的满意度建立知识服务满意度评价模型，通过问卷调查、层次分析法和垃圾回收算法确定排序和权重；李迎迎等（2014）基于知识服务与数字资源的结合，构建了数字图书馆的服务评价指标，采用层次分析法对各项指标权重进行赋值，并通过了一致性检验；郭顺利等（2017）采用层次分析法构建了高校图书馆学科服务团队绩效评价指标体系，基于模糊综合评价提出了高校图书馆绩效评价方法，对图书馆学科服务团队这一研究对象进行实证研究，并构建了两两比较判断矩阵，对指标权重进行赋值，最终进行一致性检验。

在心理健康领域，王叶梅和陈传灿（2020）采用层次分析法量化分析了评判大学生心理健康的指标权重，结合语义差异法建立了教学效果评价模型，选择调查问卷对实践效果进行对比分析；刘斌和金涛（2018）对 289 位大学生进行调查，采用层次分析法对大学生的心理素质进行量化分析，计算层次单排序的权向量并进行一致性检验，结合逐步回归分析，分析影响程度最大的因素，最后对当代大学生的心理健康素质提出建议；杜莹（2016）认为心理健康问题对大学生的健康成长有严重影响，通过层次分析法构建了大学生心理健康评价模型，结合具体的评价参数评价分析大学生的心理健康水平，并相应地提出相关的解决方案及建议。

3.2　廓清大学生危机行为影响因素的一般集合

3.2.1　获取大学生危机行为产生的基础性影响因素

获取大学生危机行为产生的基础性影响因素是研究大学生危机行为产生机理及防控策略的基础。基础性影响因素的选取主要基于对相关文献的梳理总结，对文献的整理主要包括两个方面：①通过阅读综述类及领域内高影响因子的相关文献，梳理总结影响大学生危机行为产生的因素的基本构成，明确寻找方向；②在一定文献量的基础上进行相关关键词的词频分析及可视化分析。二者互为补充，从而能够比较全面地获取国内外不同社会文化背景下大学生危机行为产生的基础性影响因素。

首先，整理分析相关文献。通过阅读国内外领域内的一些经典文献，对大学生危机行为产生的影响因素进行初步梳理总结，见表 3.4。

表 3.4 大学生危机行为产生的影响因素的相关研究总结

大学生危机行为产生的影响因素	资料来源
不良的认知和情绪	Ellis 和 Newman（1996）
态度	Eshun（2003）
应激	Binelli 等（2012）、Nnaji（2015）
人格/人格变量、自尊	倪林英（2012）
人际关系及社会关系	臧刚顺（2012）
家庭环境	Sands 和 Dixon（1986）
社会环境	Iravani（2012）
教育环境	Barnes 等（2012）、Alemu 等（2020）
健康	Aguilar（2014）
社交能力薄弱	Joiner Jr 等（2005）、Frodl 等（2002）、Darke 和 Ross（2001）、McLafferty 等（2019）
自我认识模糊、家庭因素、社会因素	Sands 和 Dixon（1986）
家庭条件、生理和心理特征	Iravani（2012）
早期的负面生活事件	Binelli 等（2012）
不幸的经历	Nnaji（2015）
学校文化和学校风气	Barnes 等（2012）、de Wet（2010）
酒类的使用，父母的婚姻状况、教育程度、职业	Alemu 等（2020）
生活事件、社会支持、家庭教养及人格	牛洪艳等（2011）
基因控制	Frodl 等（2002）
心理隐患	Aguilar（2014）
消极情绪	Minahan 和 Rappaport（2013）

其次，建立文献数据库并进行数据清洗。其中，国内外文献分别选用中国知网和 Web of Science 的核心数据库作为数据来源，时间均选取 2000 年 1 月 1 日到 2020 年 6 月 1 日，以"大学生""危机行为""影响因素"等为主题进行多次精确检索，共计检索中文文献 223 篇、外文文献 203 篇。通过人工阅读标题、摘要等方式对文献进行仔细甄别，将非学术性的研究文献如会议类、通知类文献等一一剔除，最终剩余 200 篇有效中文文献、195 篇有效外文文献。最后，进行关键词词频分析。将筛选过后的中英文文献作为数据样本分别导入 CiteSpace 软件，统计并提取关键词，合并相近词、去除无关词，并进行关键词共现分析，依据关键词共现频率将与大学生危机行为产生相关的影响因素关键词及其共现频次填入表 3.5 中，经过整理后影响因素共 30 个。

表 3.5　高频关键词排行

序号	关键词	频次	序号	关键词	频次
1	不良情绪	37	16	认知偏差	6
2	意念/态度	36	17	心理素质	6
3	心理障碍	24	18	父母婚姻状况	6
4	校园环境	23	19	社会支持	5
5	健康状况	15	20	文化	5
6	学校因素	13	21	学校适应不良	4
7	就业能力	10	22	个体因素	4
8	家庭关系	10	23	社会适应性	3
9	饮酒行为	10	24	家庭结构	3
10	性别差异	8	25	家庭经济困难	3
11	健康教育	8	26	应试教育体制	3
12	人格特质	7	27	舆论媒体宣传	3
13	童年负面经历	7	28	应激	2
14	父母教养方式	7	29	校园安全管理	2
15	人际关系	7	30	遗传因素	2

3.2.2　构建大学生危机行为产生的影响因素的一般集合

本章搜集整理了 100 多个国内外大学生危机行为的典型案例,通过专家咨询等途径,对表 3.5 中的影响因素进行整合及补充,提取大学生危机行为产生的一些主要影响因素。在此基础上,系统地提出了大学生危机行为产生的影响因素的集合,涉及几十个影响因素,包括累赘感知、精神欠佳、恐惧状态、焦虑状态、内疚情绪、宗教信仰、生理缺陷、情感问题、人际关系、认知偏差、心理障碍、人格障碍、教师素质、学校优劣、学校管理制度、教育缺失、学校环境、家庭结构、亲子关系、父母教养、亲子交流、亲属关系、父母文化、受挫不公、社会隔离、文化震惊、社会模仿、媒体评论、法律制度、经济发展、传统文化、政治制度、就业能力等。

3.3　探究大学生危机行为影响因素的初始集合

3.3.1　资料收集和整理

本章的研究资料主要包括原始资料和二手资料,其中,原始资料通过对 35 名不同层次大学生的半结构化访谈方式获得，主要用于程序编码；同时以典型案件、报告等二手资料为辅进行理论补充和检验，直至理论饱和。

  大学生危机行为产生的原因是复杂而多维的，所以本章应用目的抽样法抽取了35名受访者（理论达到饱和），他们是来自不同地区和院校的大学生，有不同的生活体验与经历，代表不同的视角和观念，可以为本章研究焦点提供丰富、真实及专业的原始资料，受访者的基本信息如表3.6所示。

表3.6　受访者的基本信息

类别	属性	人数/人	百分比/%
性别	女	19	54.3
	男	16	45.7
地区和院校	北京（4所）	14	40.0
	天津（3所）	11	31.4
	河北（3所）	10	28.6
学历	专科	8	22.9
	本科	18	51.4
	研究生	9	25.7
专业	理科	12	34.3
	工科	11	31.4
	文科	12	34.3
是否是独生子女	是	15	42.9
	否	20	57.1

  这里采用半结构化访谈的方式，在访谈前两日告知受访者并说明大学生危机行为的概念，以便其做好时间安排和确保对主题的正确理解。访谈过程中，采访者多以探讨的方式与受访者进行互动，营造轻松、自主的谈话氛围，避免话题敏感尖锐化。访谈内容围绕以下几个问题进行：①如果简短地评价一下大学生活，你觉得你的大学生活是怎样的？②请叙述一些周围同学或自己发生或遭受的危机行为事件；③你觉得大学生为什么会产生危机行为，是哪些影响因素造成的？④在经受这些因素对你的影响时，心理过程是怎样的？在围绕这些问题访谈时，会尽可能地捕捉概念范畴并采用追踪式提问，以便深切地洞悉受访者的内心。

  访谈的形式有两种，一种是与受访者面对面访谈，通过录音获取所需的资料，这种形式可以与受访者及时互动和调控访谈内容；另一种是网络在线访谈，这种形式的访谈不会使受访者感到拘束，也不会受到采访者口头语言和行为语言的影响，回答的内容更加真实。这两种形式相互补充，可以达到更好的访谈效果。访谈结束后及时整理录音内容，采用理论抽样和持续比较的方式编码、形成备忘录，然后准备下一次访谈，直至理论饱和。

3.3.2 范畴凝练与模型构建

对访谈资料进行分析归纳的过程称为扎根理论的编码过程，由开放式编码、主轴编码和选择性编码构成。

1. 开放式编码

开放式编码的目的是发现概念和范畴并对它们命名来准确反映原始资料。编码过程是一个首先将资料打散，然后以新方式组合的过程，即需对原始资料逐字逐句分析，并赋予它一个初始的概念和标签来挖掘初始概念。本节的开放式编码共得到189个概念，通过筛除无效和重复概念后，共得到140个有效概念和17个范畴，为了节省篇幅，每个范畴选取与其对应的2~3个原始资料语句，如表3.7所示。

表 3.7 开放式编码范畴化

范畴	原始资料语句（初始概念）
个体独有特征	A_{03} 形象好会比较自信，社交更顺利吧。（外貌特征） A_{23} 我觉得心理素质很重要，心理承受能力弱更容易引起异常的行为反应，如心理和行为都可能发生变化。（心理特征） A_{14} 个体会过高或过低地看待自己而不能全面、客观地认识自己，如家庭背景差异的认识等。（自我定位）
人际关系危机	A_{16} 说话的技巧、交流方式及谈话内容是否恰当都影响互动效果。（交流障碍导致） A_{25} 推己及人不一定是对的，而且有的人不擅长交流。（消极行为互动）
人格障碍冲突	A_{13} 我的一个同学情绪非常不稳定，为了避免冲突，我们通常选择回避。（情绪障碍） A_{26} 自制力比较差的人往往比较容易放纵自己，如果遇到什么事，也会在心里给自己找理由，觉得自己是对的。（行动障碍）
长期情感障碍	A_{05} 虽然认识的人多了，但是交心的却很少，时常会有孤独感。（消极情绪复现） A_{11} 生活中总是会有很多烦恼，如考试紧张、恋爱坎坷、长期孤独等。（创伤持续累积）
精神逃离回避	A_{12} 转移注意力会有一定效果，但是不太明显。（逃离应对策略） A_{30} 在没想好怎么处理之前我可能会回避或者假装隐藏自己。（回避应对策略）
积极自我调控	A_{08} 遇到让我气愤的事时我会尽量克制自己。（积极自我暗示） A_{29} 我会选择做一些缓解自己消极情绪的事情，如跑步、听歌等。（积极自我调适）
学校教育缺失	A_{32} 我觉得教师与学生之间是存在关系脱节的，这使很多危机行为不能得到及时的控制。（教育效果失衡） A_{27} 总体来说，学校对学生的管理工作还是很弱的，感觉教育水平有走低趋势。（教育方式滞后） A_{17} 教学工作人员、行政管理人员对学生监管失职。（教育管理松散）

续表

范畴	原始资料语句（初始概念）
校园文化吸收	A_{01} 虽然大学环境比较宽松，但是人才培养方案和资源机会不均等还是会带给大学生压力。（管理规范束缚） A_{11} 学校提供安全环境、安全教育以提高学生的安全意识很有必要。（校园安全责任） A_{27} 高校氛围有重要的影响作用，如人文关怀和风气等。（校园风气氛围）
教育资源不均	A_{22} 由于高考发挥失常，考入一所普通高校，校园中的学术氛围不浓厚。（学校优劣鸿沟） A_{24} 学校在偏远的郊区，校企合作活动较少。（地理位置局限） A_{34} 我们系只有一个保研名额，而有些学校 20%的学生都能保研，同学们怨声载道。（指标分配不均）
教师素质问题	A_{26} 有些教师压榨学生，给学生的心理蒙上很大阴影。（不良情绪深化） A_{35} 教师不能起到表率作用，科研和教学水平参差不齐。（教师水平局限）
校园冲突问题	A_{07} 我不会去模仿网络上的冲突行为，但是头脑里会闪过画面。（网络冲突模仿） A_{15} 人不犯我，我不犯人。（潜在冲突激发） A_{35} 有时会遭受校园冲突，受到他人语言或者行为上的攻击。（攻击行为侵害）
家庭关系变动	A_{09} 我生活在重组家庭，对我负面影响最大的就是我逆反心理有点强，这会使我的朋友疏远我。（家庭结构变故） A_{31} 寒暑假期间，由于实习、旅游等原因，我与父母无法长期待在一起；平时上学忙，与父母也没有太多沟通。（亲子交流较少） A_{14} 和女朋友分手的那段时间我经常拉着兄弟出去买醉，不想面对。（社交圈子动荡）
家庭教育氛围	A_{32} 父母文化程度较高，在学习和生活中给予我较大帮助，父母是孩子的第一任老师。（父母教育问题） A_{10} 家庭过于溺爱孩子而忽视素质教育往往会塑造孩子偏执的性格，更容易产生危机行为。（父母教养偏差） A_{33} 父母及其家庭中各亲属的关系和谐，就算有分歧也能冷静处理。（亲属关系）
现实理想矛盾	A_{06} 我明明想有所作为，但是采取行动很困难，这使我痛恨自己。（行动想法矛盾） A_{17} 去做超出自己能力的事情往往导致失败，挫败情况下容易做出异常的行为。（要求期待过高） A_{27} 我特别痛恨那个黑心的中介，完全不管我们怎么样，只顾骗我们的钱。（涉身处境突变）
社会传播对待	A_{19} 社会上的功利关系盛行、激烈竞争、不安全信息都对大学生不利。（社会氛围隐患） A_{12} 一些危险行为可能会被大学生模仿，而且大学生也会受到来自社会的不公平待遇和威胁。（社会上的负性事件） A_{20} 公众对大学生的评价并不高，在一定程度上存在负面的影响和隐患。（公众媒体评论）
就业能力阻挡	A_{21} 我对我的职业规划并不明确，对以后会找什么工作感到很迷茫，找工作对我来说是一个挑战。（就业困难挑战） A_{02} 面试时别人过于苛责我或者否认我的能力时，我是比较容易暴躁的。（对才能的否认） A_{28} 工作实习中发现课本中的知识和实际业务差别极大，感觉力不从心、无法适应。（学以致用挑战）
经济困难抑制	A_{04} 高度经济依赖是我们每个大学生的重要问题，也常常会因为利益而发生不愉快的事情。（经济来源抑制） A_{18} 没有经济支持，社交是比较狭隘的，属于社会弱势群体，长期如此难免会使人抑郁。（经济行为抑制）

注：字母下角标的数字代表受访者的序号，如 A_{01} 为第一个受访者。

2. 主轴编码

主轴编码的任务是通过聚类挖掘建立初始范畴间的关系并形成主范畴，这种关系包括逻辑关系、结构关系、同属性关系等，通过系统地联结各个初始范畴间的关系而凝练的主范畴更具概括性。通过分析发现，初始范畴间在概念层面确实存在内在关系，根据其内在关系和逻辑顺序重新归纳，得到四个主范畴，即个体因素、学校因素、家庭因素、社会因素，各主范畴的内涵及对应的初始范畴如表 3.8 所示。

表 3.8 各主范畴的内涵及对应的初始范畴

主范畴	对应的初始范畴	范畴内涵
个体因素	个体独有特征	个体已有的生理、心理和自我定位等特征上的差异与基础
	人际关系危机	交流不畅而产生交流障碍或与他人互动消极，导致人际关系紧张
	人格障碍冲突	情绪极不稳定、妄想症、难以控制自己，导致与他人发生冲突
	长期情感障碍	长期有情感问题，如嫉妒、孤独、压抑等
	精神逃离回避	暂时逃避困难、不理睬以转移注意力
	积极自我调控	正视存在的困难，积极调控以达到心理平衡
学校因素	学校教育缺失	教育方式、管理力度不足，与学生关系脱节
	校园文化吸收	校园本具有的规范束缚、安全责任与氛围基础
	教育资源不均	师资力量、地理位置、人才指标分配等不均衡
	教师素质问题	教师品德和教师才能水平参差不齐
	校园冲突问题	个体或群体性的攻击或自伤等迫害行为
家庭因素	家庭关系变动	家庭结构突变或者不完整，亲属间缺乏交流，关系动荡
	家庭教育氛围	父母的教养方式和亲子间的相处模式营造的环境
	经济困难抑制	有家庭经济的负担、经济高度依赖的限制
社会因素	现实理想矛盾	理想和现实存在矛盾，对现实又束手无策
	社会传播对待	社会对大学生个体的安全威胁、负面影响等因素
	就业能力阻挡	职业规划模糊，职业技能和素养欠缺

3. 选择性编码

选择性编码是通过梳理主范畴的典型关系结构来挖掘核心范畴的过程。主轴编码后，通过进一步系统地梳理主范畴间的关系可以得到主范畴间的典型关系结构，依据这些典型关系结构即可形成描述整个行为过程的"故事线"，从而发展出新的理论框架，主范畴的典型关系结构如表 3.9 所示。

表 3.9　主范畴的典型关系结构

典型关系结构	典型关系结构的内涵	受访者的代表性语句 （提炼出的典型关系结构）
个体因素 → 学校因素 个体因素 → 家庭因素 个体因素 → 社会因素	个体对自己、学校、社会等的认知与定位是大学生危机行为产生的基础因素范畴，它客观存在的意义在于指导行为	A_{08} 认知是很重要的，怎样的认知会产生怎样的心理，心理又会促使个体有怎样的行为。（认知基础指导行为） A_{19} 其实每个人都希望自己优秀，但是每个人都有自己的缺点，如果能正视自己的缺点，则会对自己的行为有很大的改观，如不去在意别人的眼光就很重要。（正确认知可以改善行为）
个体因素(调节) 学校因素 → 危机行为产生	学校因素范畴是大学生危机行为产生的条件范畴之一，是对大学生危机行为产生影响的最直接因素，由于师生和同学的不良关系，校园规章制度欠缺，地理位置等软、硬件条件不足等，加之个体调节较弱，难以阻止危机行为的产生	A_{32} 例如，争执这种事情，往往是因为其中一个人冒犯了另外一个人，最后两个人都不退让，导致冲突。（互动激发危机行为） A_{12} 我觉得有的人在和别人相处的时候是带着厌烦或嫉妒情绪的，在这种情绪下难免会激发二者的矛盾。（存在使行为变革的因素）
个体因素(调节) 家庭因素 → 危机行为产生	家庭因素是大学生危机行为产生的第二个条件范畴，是对大学生危机行为产生影响的根源性因素。家庭中父母对孩子的教养方式、亲属关系、家庭结构、亲子沟通、家庭氛围等作用于个体，不同个体的反应程度和承受力不同，调节情况也不尽相同	A_{16} 其实我觉得大学生仍是弱势群体，对很多事情无能为力，如果受到外界的威胁或欺辱，通常会采取欠考虑行为来保护自己或亲人。（外界威胁刺激的无奈） A_{09} 如果遭受巨大变故，如家庭结构动荡、家庭负担加重等，学生个体还是很难承受的，这种情况下可能会引发大学生危机行为。（刺激难以承受）
个体因素(调节) 社会因素 → 危机行为产生	社会因素是大学生危机行为产生的第三个条件范畴，是最终会影响大学生危机行为的直接因素。这些危机可来自社会传播对待，在时间上具有长期性，且作用效果因人而异	A_{13} 我觉得社会和我想的不一样，和书中学的也不一样，它比我想象中要复杂得多，它让我既兴奋又害怕，我一时无法适应。（角色转变适应困难） A_{04} 社会的竞争是残酷的，当走出大学步入社会时，感觉自己仿佛与社会有些脱节，需要加倍努力去弥补不足。（生存压力）

根据表 3.9，发展出"大学生危机行为产生的影响因素概念范畴及机理"这一核心范畴。围绕这一核心范畴的"故事线"可概括为大学生危机行为产生的原因包括四个维度的内容，即个体因素、学校因素、家庭因素及社会因素。其中，个体因素是大学生危机行为产生的基础因素，即内在因素，学校因素、家庭因素和社会因素是大学生危机行为产生的条件因素，也是外在环境因素。

本章的贡献如下：①首次采用扎根理论对大学生危机行为产生的影响因素进行了探索性研究，证实了与大学生危机行为相关的一些理论研究，为研究大学生危机行为提供了新思路，而且，本章确实挖掘出一些很少提及的变量范畴，如精神逃离回避、社会传播对待等；②以往的研究通常以防控策略为导向，通过量表进行探索，由于影响因素的既定性，其概括性和可靠性值得思考，而本章编码凝练出系统、全面的影响因素集合（4 个主范畴和 17 个核心范畴），并详细解释了各影响因素之间的联动关系。

3.4　构建当代大学生危机行为影响因素集合

3.4.1　形成大学生危机行为影响因素量表

对筛选的影响因素进行问卷调查，问卷采用定性的结构化形式，严格遵守问卷设计的基本原则。问卷的内容主要包括三部分，第一部分是对问卷目的的阐述，对问卷的基本情况进行说明，消除受访者的疑虑并真诚邀请受访者参与调查；第二部分是对受访者基本信息的了解，包括受访者的年龄、性别等，这些基本信息有利于确定回收问卷的有效性和答题的质量；第三部分是问卷的核心内容，是影响因素的五级利克特量表，包含了筛选的 17 个影响因素，受访者需要根据自己在生活中的实际情况对影响因素的重要程度进行打分，5 分代表"非常重要"、4 分代表"重要"、3 分代表"较重要"、2 分代表"一般"、1 分代表"不重要"。

本次问卷的发放对象主要是北京、天津和河北不同层次的大学生，问卷的发放形式是纸质问卷发放和网络问卷发放，其中共发放纸质问卷 300 份、网络问卷 300 份，剔除明显回答不认真和前后矛盾的问卷，总计回收有效问卷 512 份，有效回收率为 85.3%，问卷的发放数量和有效问卷的数量均达到数据分析的要求。

3.4.2　确定影响大学生危机行为的因素集合

本节将克龙巴赫系数（Cronbach's α）作为指标进行衡量，若克龙巴赫系数大于 0.8，则认为数据的信度良好，可信度非常高；若克龙巴赫系数大于 0.6、小于 0.8，则认为数据的信度较高；若克龙巴赫系数大于 0.3、小于 0.6，则认为数据的信度中等；若克龙巴赫系数小于 0.3，则认为数据的信度较低。根据调查问卷数据结果，运用统计学软件进行信度和效度检验，克龙巴赫系数均大于 0.6。通过对调查问卷的数据结果进行因子分析，发现 KMO（Kaiser-Meyer-Olkin）值大于 0.8，Bartlett 球形检验显著（$p = 0.000$），问卷数据适合进行因子分析。数据结果显示，研究中各主成分（维度）对应题项因子载荷均高于或接近 0.5，除个别因子外，绝大多数因子载荷超过 0.6，说明研究采用的调查问卷的效度较好。通过因子分析对影响因素的重要性进行筛选，得到关键性影响因素，最终构建的当代大学生危机行为产生的影响因素集合分为四大类，包括恐惧状态、累赘感知、心理障碍、内疫情绪、认知偏差、精神欠佳、焦虑状态在内的个体因素；学校环境、学校管理制度、教育缺失、师生关系、教师素质在内的学校因素；家庭结构、家庭氛围、亲子关系、父母教养、父母文化在内的家庭因素；就业能力、经济发展、受挫不公、文化背景、法律制度在内的社会因素，共 22 个影响因素。

3.5　基于 Fuzzy-DEMATEL 模型的影响因素联动关系

在上述研究中发现，大学生危机行为的产生过程是个体因素、学校因素、家庭因素、社会因素及其下属因素之间相互影响作用的过程，这些因素众多并且相互关联。为了探讨这些影响因素之间的关系，本节从个体、家庭、学校、社会四个方面出发，通过构建 Fuzzy-DEMATEL 模型，定量分析各影响因素之间的关联程度，并通过中心度这一指标表示影响因素对大学生危机行为的重要程度，其值越大，证明该影响因素越重要。按照分值大小，将指标分为原因组和结果组。

3.5.1　大学生危机行为影响因素指标体系的构建

根据上述研究，确定当代大学生危机行为影响因素的集合，构建大学生危机行为影响因素的指标体系，如图 3.1 所示，其中包含 4 个方面，共 22 个影响因素。

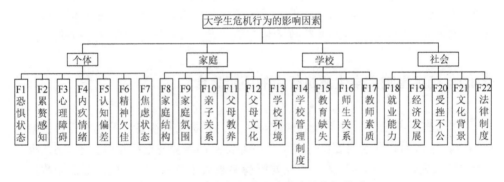

图 3.1　大学生危机行为影响因素的指标体系

3.5.2　Fuzzy-DEMATEL 模型计算

本节在文献整理、案例分析的基础上，建立了由 7 位专家组成的专家小组，结合表 3.8 的转换关系，对大学生危机行为影响因素之间的直接关系进行打分，将初始数据分别按照三角模糊数法和 CFCS 去模糊化法进行处理，建立直接影响矩阵。根据提出的 Fuzzy-DEMATEL 模型的步骤，采用 MATLAB 软件对直接影响矩阵进行处理，最终得到综合影响矩阵。基于综合影响矩阵的结果，计算大学生危机行为各影响因素的影响度、被影响度，其中，综合影响矩阵的行阵之和，即该指标对其他所有指标的影响程度的总和，称为该影响因素的影响度；综合影响矩阵的列阵之和，即该指标受其他所有指标的影响程度的总和，称为该影响因素的被影响度。进一步得到其中心度 $D+R$ 和原因度 $D-R$ 的分值和排序，如表 3.10 所示。

表 3.10　因素综合得分表

指标	影响度 D	排序	被影响度 R	排序	中心度 $D+R$	排序	原因度 $D-R$	排序
F1	2.173	3	2.623	1	4.858	1	−0.450	17
F2	1.934	5	2.423	3	4.333	2	−0.489	20
F3	1.370	19	1.190	21	2.560	22	0.180	5
F4	1.570	16	2.582	2	4.082	5	−1.012	21
F5	1.749	12	2.352	5	4.151	4	−0.603	22
F6	1.895	6	2.366	4	4.261	3	−0.471	19
F7	1.601	15	1.785	10	3.386	14	−0.184	13
F8	1.679	13	1.505	15	3.184	16	0.174	6
F9	1.776	9	1.791	9	3.567	9	−0.015	10
F10	1.776	10	1.692	12	3.468	12	0.084	8
F11	1.491	17	1.946	7	3.437	13	−0.455	18
F12	1.616	14	1.735	11	3.351	15	−0.119	12
F13	1.341	20	1.224	18	2.565	21	0.117	7
F14	1.192	22	1.563	14	2.755	20	−0.371	15
F15	1.471	18	1.451	16	2.922	19	0.020	9
F16	1.283	21	1.678	13	2.961	18	−0.395	16
F17	1.806	8	1.879	8	3.715	8	−0.073	11
F18	1.750	11	2.040	6	3.790	7	−0.290	14
F19	2.134	4	1.339	17	3.473	11	0.795	3
F20	2.607	1	1.216	19	3.823	6	1.391	2
F21	2.554	2	1.003	22	3.557	10	1.551	1
F22	1.831	7	1.216	20	3.047	17	0.615	4

为了清晰、直观地表达各影响因素的中心度和原因度，结合表 3.9，将数值反映到坐标系中，进而作出因果关系图，如图 3.2 所示。横轴表示中心度，纵轴表示原因度，横轴轴线表示原因度为零，横轴以上为原因组因素的分布情况，横轴以下为结果组因素的分布情况。

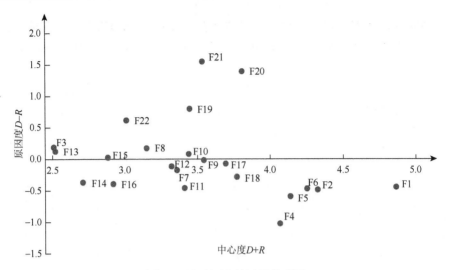

图 3.2   影响因素的因果关系图

3.5.3   影响因素分析

在表 3.10 中，中心度表示影响因素对大学生危机行为的重要程度，其值越大，证明该影响因素越重要。按照原因度的分值大小，将指标分为原因组和结果组，如果指标的原因度的分值大于 0，表明该指标对其他指标的影响较大，则该指标属于原因组；如果指标的原因度的分值小于 0，表明该指标受其他指标的影响较大，则该指标属于结果组。

根据表 3.10 和图 3.2，分析各影响因素的重要程度及其对大学生危机行为的影响。由表 3.10 和图 3.2 可知，心理障碍（F3）、家庭结构（F8）、亲子关系（F10）、学校环境（F13）、教育缺失（F15）、经济发展（F19）、受挫不公（F20）、文化背景（F21）、法律制度（F22）为原因组因素，恐惧状态（F1）、累赘感知（F2）、内疚情绪（F4）、认知偏差（F5）、精神欠佳（F6）、焦虑状态（F7）、家庭氛围（F9）、父母教养（F11）、父母文化（F12）、学校管理制度（F14）、师生关系（F16）、教师素质（F17）、就业能力（F18）为结果组因素。

1. 原因组因素

由于原因组对整个指标体系中的因素有影响，在分析过程中，原因组因素是一项重要的评价指标。

在原因组的所有因素中，文化背景的得分最高，说明相对于其他因素，文化背景对其他因素的影响程度最大；受挫不公、经济发展分别在第二和第三位，这是由于它们的影响度较高，这说明受挫不公、经济发展对其他因素也存在显著的影响。另外，家庭结构和亲子关系在原因组因素中的排名靠后，但从其影响度来看，在众多因素中处于中等偏上水平，因此，将其考虑为关键因素。

对于心理障碍，从原因度来看其排名靠前，但由于心理障碍这一因素的影响度和被影响度的得分都较低，不能作为一个关键因素。

2. 结果组因素

从表 3.10 和图 3.2 可以直观地看到，在个体方面的影响因素中，除了心理障碍，其余都属于结果组因素，这说明个体方面的影响因素对大学生危机行为的产生有最直接的影响，同时也更容易受其他三个方面因素的影响。从原则上讲，结果组因素容易受其他因素的影响，不易作为关键因素分析，但从结果组因素的中心度来看，其大部分得分偏高，这说明结果组因素中存在对大学生危机行为影响程度较高的因素，因此，仍有分析的必要。

从中心度的排名来看，恐惧状态、累赘感知、精神欠佳排在所有因素的前三位，这说明恐惧状态、累赘感知、精神欠佳对大学生危机行为有至关重要的影响。虽然其原因度排名靠后，但其影响度和被影响度的得分都较高，综合以上情况，考虑将恐惧状态、累赘感知和精神欠佳作为关键因素。从原因度一列可以看出，教师素质和家庭氛围的分值分别为 -0.073 和 -0.015，说明这两个因素被其他因素影响的程度很低，且其影响度、被影响度和中心度的排名在所有因素中都处于第八九位，排名稳定且靠前，因此认为教师素质和家庭氛围这两个因素是关键因素。

从因果关系图可以明显地看出，内疚情绪和就业能力的中心度排在前位，这是由于其被影响度得分较高，很容易受其他因素影响，但其影响度得分较低，这说明其他因素对其影响较大，可以通过影响其他因素来影响内疚情绪和抗压能力，所以不将内疚情绪和抗压能力考虑在关键因素内。

综上所述，在对上述因素的综合评价指标和因果关系图进行分析后，得到 10 个关键因素，其中家庭结构、亲子关系、经济发展、受挫不公、文化背景属于原因组因素，恐惧状态、累赘感知、精神欠佳、家庭氛围、教师素质属于结果组因素。

3.5.4　结论

本章基于系统理论，从 4 个方面选取了 22 个影响大学生危机行为的因素，以影响因素之间的相互关系为出发点，运用 Fuzzy-DEMATEL 模型，成功地识别出原因组因素和结果组因素，综合考虑中心度、原因度及影响度、被影响度的最终得分和排序，得出了各影响因素之间的相互关系及影响大学生危机行为的 10 个关键因素。从对影响因素综合评价指标的分析来看，社会方面中的经济发展、受挫不公、文化背景三个影响因素主要通过影响其他因素的路径来影响大学生危机行为，社会方面的因素对大学生危机行为的产生具有长期且重要的影响；家庭方面的家庭结构、家庭氛围、亲子关系和学校方面的教师素质受社会方面因素的影响，同时也制约着个体方面的因素；而个体方面的恐惧状态、累赘感知、精神欠佳是影响大学生危机行为的最直接因素，从这一层面进行调整和优化可以快速、有效地防控大学生危机行为的产生。

第4章 基于系统动力学仿真的大学生危机行为防控策略

4.1 大学生危机行为系统动力学模型仿真的目的及步骤

4.1.1 系统仿真的目的

（1）根据前面构建的大学生危机行为影响因素指标体系，以及对各个影响因素之间因果关系的分析，构建系统内各子系统之间及各子系统要素之间的因果关系图，定性分析大学生危机行为的变化趋势，为预防大学生危机行为的产生提供科学的依据。

（2）在因果关系图的基础上，量化处理系统变量，依据相关数据进行仿真分析，在保证其他参量不变的情况下，通过等程度地调整系统内的某一变量，量化不同影响因素对大学生危机行为的影响，解析不同情况下大学生危机行为的变化速率，探寻各影响因素对大学生危机行为的影响，为高校与其他管理部门制定科学的管理原则与方法提供指导。

（3）探寻影响大学生危机行为产生的干预措施，通过对各个影响因素进行干预来尽可能地降低危机行为指标，寻找能有效减少大学生危机行为的切实可行的方案。

4.1.2 系统仿真的步骤

系统动力学运用"凡系统必有结构，系统结构决定系统功能"的系统科学思想，根据系统内部的组成要素互为因果的反馈特点，从系统的内部结构来寻找问题发生的根源，而不是用外部的干扰或随机事件来说明系统的行为性质。

系统动力学解决问题的一般思路是首先对要解决的问题进行系统边界的界定，并对系统内各要素之间的因果关系进行分析，通过特定约束条件构建系统模型，其次量化处理模型内的有关变量，建立系统动力学仿真模型，最后对仿真结果进行分析和评价，具体步骤如图4.1所示。

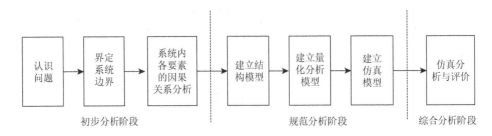

图 4.1　系统动力学仿真步骤流程图

4.2　大学生危机行为系统动力学模型的构建

4.2.1　系统动力学框图

本节采用文献分析法、聚类分析法和因子分析法等，得到中国社会背景下当代大学生危机行为产生的影响因素集合，通过扎根理论研究，明确大学生危机行为的关键度量指标，筛选被试，设计情景材料及实验程序，构建大学生危机行为产生的机理模型，同时也确定了系统的研究框架，可以更直观地将大学生危机行为与各影响因素之间的关系表现出来。

大学生危机行为的产生是一个从早期到中期再到后期的动态演化过程，在这个过程中形成了一个由影响因素联结而成的、复杂的网络，正是个人、学校、家庭及社会这些相互关联的影响因素的综合作用导致了大学生危机行为的产生。个体因素可直接导致大学生危机行为的产生；社会因素可通过影响学校与家庭因素间接对个人因素产生影响，进而作用于大学生危机行为；个体因素会在社会因素、学校因素以及家庭因素的认知、情景刺激和情境交互作用的影响下直接导致大学生危机行为的产生。大学生危机行为防控系统框图如图 4.2 所示。

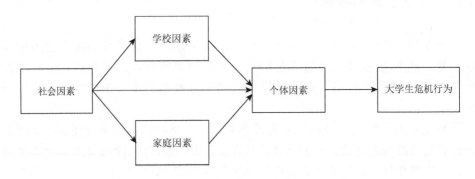

图 4.2　大学生危机行为防控系统框图

4.2.2　系统边界的界定

　　系统是一个相对概念，是相对于研究问题的实质和建模的目的而言的。给定的系统可以是其他系统的一个子系统，也可以按一定的标准分解为诸多层次的子系统。本节为了寻找更有效的大学生危机行为防控策略，依据已构建的大学生危机行为影响因素与危机行为产生机理，界定大学生危机行为防控系统的边界。

　　本节从两个方向梳理大学生危机行为防控策略：一方面，通过对国内外相关文献和典型大学生危机行为控制案例的研究，归纳出大学生危机行为防控策略，文献来源为中国期刊全文数据库和美国 EI 数据库，案例来源为我国近年来高校中发生的学生危机行为事件；另一方面，根据第 3 章所归类的危机行为影响因素及第 4 章所构建的危机行为产生机理，对大学生危机行为防控策略进行构建，通过对个体因素、学校因素、家庭因素及社会因素之间相互作用关系的分析，并排除四个主范畴因素内的宗教信仰、父母文化、法律制度等不可控因素，从学校、家庭与社会三个角度对大学生个体的心理承受力、情感问题、认知水平、就业能力、学生素质、人际关系六个方面进行干预。构建出大学生危机行为防控系统的六个干预子系统，即心理承受力干预子系统、情感问题干预子系统、认知水平干预子系统、就业能力干预子系统、学生素质干预子系统、人际关系干预子系统，确定大学生危机行为防控系统的边界。大学生危机行为防控策略如图 4.3所示。

　　（1）心理承受力干预子系统：人的心理决定了人的行为，大学生脆弱的心理承受力对危机行为的产生有着支配性作用。如果大学生没有较强的心理承受能力，在遇到挫折时，很可能会因为承受不了过多的压力而出现危机行为。所以，提高大学生的心理承受力可以在一定程度上减少大学生危机行为的产生。主要的干预策略包括心理援助、老师的认同和激励、父母沟通。

　　（2）情感问题干预子系统：大学生正处于对情感有强烈追求和向往的阶段，对亲情和爱情都有着较高的需求。在这一时期，大学生易受到情感上的挫折，产生消极情绪，并且这些消极情绪会对大学生的心理造成负面影响，而且不容易得到排解，导致危机行为的产生。主要的干预策略包括父母沟通、朋友理解和举办情感讲座。

　　（3）人际关系干预子系统：大学时期，学生开始更多地接触和面对除学习以外的事情，不同于中学时期的环境往往会使他们无所适从，需要与人交流来获得共鸣和缓解压力。同时，他们的心理趋于成熟，对不同的事情有自己的态度和看法，在与他人沟通的时候非常希望得到别人的理解和支持，而观点的碰撞有助于消除负面思想。因此，良好的人际关系可以减少危机行为的产生。主要的干预策略包括团体辅导、开展集体活动和增加社会实践。

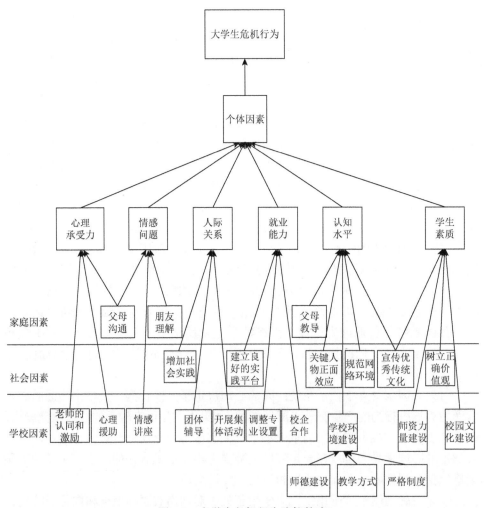

图 4.3 大学生危机行为防控策略

（4）就业能力干预子系统：大学生正处于人生的转折区，面临人生的诸多选择，找一个好工作是多数学生的现实目标，而前提是需要有良好的就业能力。大学生就业问题来自多个方面，如就业方向不明确，在选择就业岗位时迷茫无措；就业能力不强，找不到心仪的工作；对自己的能力和兴趣没有清楚的认识，不知道自己想干什么、能干什么、能干好什么，陷入消极情绪中，从而导致危机行为的产生。因此，增强学生的就业能力是高校的主要任务，也是减少大学生危机行为的重要方面。主要的干预策略包括调整专业设置、校企合作和建立良好的实践平台。

（5）认知水平干预子系统：良好的认知是树立正确价值观的基础。没有良好的认知很难树立正确的价值观，对待事情的态度往往会偏向消极的一面，增加危机行为发生的可能性，因此从小培养学生良好的认知尤为重要。良好的认知需要从小培养，因此父母的正确教导直接影响孩子的认知，而学校与社会环境对学生的认知也尤为重要。主要的干预策略包括学校环境建设、规范网络环境、父母教导、关键人物正面效应和宣传优秀传统文化等。

（6）学生素质干预子系统：随着社会整体文化教育水平的进步，学生的素质教育逐渐成为现代教育不可或缺的一部分。学生素质的高低直接表现为能否正确看待挫折，积极转化由挫折带来的消极情绪。良好的学生素质对大学生发展有积极作用，提高学生素质可有效防控危机行为的产生。主要的干预策略包括宣传优秀传统文化、树立正确价值观、师资力量建设和校园文化建设。

4.2.3　因果关系模型的建立

因果关系图是用来描述对象系统内的因果反馈关系的图形，由系统的构成要素及要素之间的作用链组成，也称为因果反馈图或因果回路图。

因果关系图的绘制首先要确定合理的系统边界，其次要理清各要素之间的关系，正确地将因素之间的因果链绘制出来，找到因果关系图中的反馈环，并对反馈环表达的行为进行分析。

作为系统动力学建模的重要步骤之一，因果关系图提供的是一个系统框架，定量分析就是在这种架构的基础上展开其结构描述的。因此，一个良好的因果关系图对系统动力学模型至关重要。

依据前面构建的大学生危机行为影响因素及大学生危机行为产生机理，得到各因素之间的因果关系，依据系统动力学的因果反馈原理，通过 Vensim 软件构建大学生危机行为防控系统的因果关系回路图，如图 4.4 所示。

通过对大学生危机行为防控系统的因果关系回路图的分析，可以看到系统各影响因素之间的相互作用下的系统内部结构，依照图 4.4 反映的因果关系，可以发现系统中包括以下反馈回路。

Loop1：校企合作↑→就业能力↑→危机行为↓。

该反馈回路为负反馈关系，通过增加校企合作，为大学生提供更多的实习机会，可以提高他们的就业能力和增加就业选择，有助于毕业生找到工作，减少就业问题带来的压力，从而防控就业问题导致的危机行为的产生。

Loop2：开展就业教育（专业知识讲解、建立实践平台）↑→就业能力↑→危机行为↓。

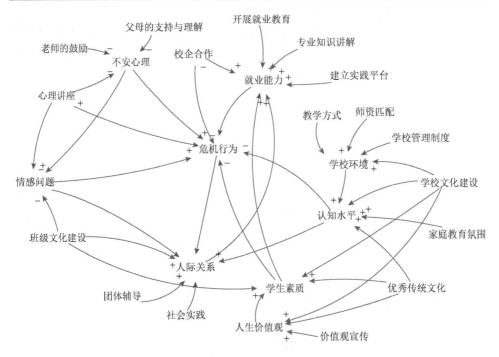

图 4.4　大学生危机行为防控系统因果关系回路图

该反馈回路为负反馈关系，开展就业教育，如专业知识讲解、建立实践平台，可以帮助大学生认识到适合自己的就业方向和自己擅长的领域，让大学生更多地了解自己的专业优势与就业方向，在实践中提高就业能力，从而减少危机行为产生的可能性。

Loop3：心理讲座（老师的鼓励、父母的支持与理解）↑→不安心理↓→危机行为↓。

该反馈回路为正反馈关系，老师经常鼓励学生提高自信心，父母多理解孩子的内心世界及学校定期组织学生心理讲座，可以帮助心理承受力较低的学生排解不安心理，从而防控不安心理导致的危机行为的产生。

Loop4：心理讲座（老师的鼓励、父母的支持与理解）↑→不安心理↓→情感问题↓→危机行为↓。

该反馈回路为负反馈关系，开展心理讲座，有助于降低大学生的不安心理；在老师的鼓励、父母的支持与理解下，可以降低在情感上的困惑和消极心理，减少情感问题的发生，从而防控情感问题导致的危机行为的产生。

Loop5：班级文化建设↑→情感问题↓→危机行为↓。

该反馈回路为正反馈关系，班级内多组织文化活动，可以增加学生之间的沟通，既能增进学生之间的友谊，又可以排解学生个人心理的堵塞，有助于减少情感问题，从而防控危机行为的产生。

Loop6：班级文化建设（团体辅导、社会实践）↑→人际关系↑→就业能力↑→危机行为↓。

该反馈回路为负反馈关系，多开展班级文化建设和多对学生进行心理辅导，以及增加学生的社会实践活动，有助于学生在交流、沟通、实践中提高人际交往能力和增进人际关系，帮助学生开阔视野，提高就业能力，从而防控危机行为的产生。

Loop7：班级文化建设↑→情感问题↓→人际关系↑→就业能力↑→危机行为↓。

该反馈回路为正反馈关系，班级文化建设可以减少学生之间的情感问题，如感情摩擦、口角争执、社交能力薄弱等，学生之间及个人情感问题的减少可以改善人际关系、交友更加广泛，从而提高就业能力，有利于减少危机行为的产生。

Loop8：班级文化建设（优秀传统文化、学校文化建设）↑→学生素质↑→危机行为↓。

该反馈回路为负反馈关系，中华优秀传统文化的传播及学校与班级文化活动的举办，可以大幅度改善学生周边的不利环境，为学生提供良好的生活、学习环境，使学生素质得到提高，从而防控危机行为的产生。

Loop9：班级文化建设（优秀传统文化、学校文化建设）↑→学生素质↑→就业能力↑→危机行为↓。

该反馈回路为负反馈关系，积极开展班级与学校文化活动，以及中华优秀传统文化在校园的传播，使学生的精神世界得到滋养，提高了大学生素质，高素质的学生往往比低素质的学生更加注重能力的积累与提升，有更强的就业能力，因而增强班级文化建设可以减少就业能力不足导致的危机行为的产生。

Loop10：价值观宣传↑→人生价值观↑→学生素质↑→危机行为↓。

该反馈回路为负反馈关系，积极的价值观宣传可以在潜移默化中提高学生的人生价值观，引导学生积极向上，提高学生素质，从而防控危机行为的产生。

Loop11：价值观宣传↑→人生价值观↑→学生素质↑→就业能力↑→危机行为↓。

该反馈回路为负反馈关系，价值观宣传对学生人生价值观的形成有着积极作用，有助于提高学生素质和就业能力，从而防控就业能力导致的危机行为的产生。

Loop12：优秀传统文化（家庭教育氛围、学校文化建设）↑→认知水平↑→危机行为↓。

该反馈回路为负反馈关系，优秀传统文化的学习、宣传氛围，会不断地影响大学生的意识层面，改变大学生看待问题的角度，提高认知水平，在面对问题时，可以客观积极地对待，从而减少危机行为的产生。

Loop13：优秀传统文化（家庭教育氛围、学校文化建设）↑→认知水平↑→人际关系↑→就业能力↑→危机行为↓。

该反馈回路为负反馈关系，优秀传统文化的学习有助于提高大学生的认知水平，认识到人际交往的重要性，丰富人际关系，提高就业能力，从而防控危机行为的产生。

Loop14：教学方式（师资匹配、学校管理制度、学校文化建设）↑→学校环境↑→认知水平↑→危机行为↓。

该反馈回路为负反馈关系，教学方式的改善和提高与学校管理能力的加强，以及学校师资力量的提高等，对改善学校环境有积极作用，良好的学习和生活环境有助于提高大学生的认知水平，从而防控危机行为的产生。

Loop15：教学方式（师资匹配、学校管理制度、学校文化建设）↑→学校环境↑→认知水平↑→人际关系↑→就业能力↑→危机行为↓。

该反馈回路为负反馈关系，改善教学方式可以改善学校环境，提高学生的认知水平，丰富人际关系，提高就业能力，从而防控危机行为的产生。

4.2.4　构建模型变量集

系统动力学对问题的理解是基于系统行为与内在机制间的相互紧密的依赖关系，并且通过数学模型的建立与操作的过程而获得的，逐步发掘出产生变化形态的因果关系，系统动力学称它为结构。结构是指一组环环相扣的行为或决策规则构成的网络。构成系统动力学模式结构的主要元件包含流（flow）、积量（level）、率量（rate）、辅助变量（auxiliary）。

根据系统动力学的研究方法，确定大学生危机行为防控系统中各变量的类型，包括水平变量、速率变量、辅助变量和常量。根据因果反馈回路中大学生危机行为的因果关系，量化处理大学生危机行为的关键指标要素。

（1）水平变量表示系统内流的积累量，任何特定时刻的状态变量值是系统中从初始时刻到特定时刻的物质流动或信息流动累加的结果，水平变量参数如表4.1所示。

表4.1　水平变量参数

变量代码	变量名称	变量含义
L1	心理承受力水平	无量纲，表示大学生心理承受力水平指标，该指标分值越大，说明大学生心理承受能力越强
L2	情感问题水平	无量纲，表示大学生情感问题水平指标，该指标分值越大，说明大学生存在的情感问题越多
L3	认知水平	无量纲，表示大学生对事物的认知水平指标，该指标分值越大，说明大学生对事物的认知方向越正确
L4	就业能力水平	无量纲，表示大学生就业能力水平指标，该指标分值越大，说明大学生的就业能力越强

变量代码	变量名称	变量含义
L5	学生素质水平	无量纲，表示大学生素质水平指标，该指标分值越大，说明大学生素质水平越高
L6	人际关系水平	无量纲，表示大学生人际关系水平指标，该指标分值越大，说明大学生人际关系越广，与人交流越顺利
L7	大学生危机行为水平	无量纲，表示大学生危机行为水平指标，该指标分值越大，说明大学生危机行为发生的次数越多，概率越大

（2）速率变量是表示水平变量变化速率的变量，即单位时间内的流量，速率变量参数如表 4.2 所示。

表 4.2　速率变量参数

变量代码	变量名称	变量含义
R1	心理承受力增加量	单位时间内大学生心理承受力水平增加量
R2	情感问题减少量	单位时间内大学生情感问题减少量
R3	认知水平提高量	单位时间内大学生认知水平提高量
R4	就业能力增加量	单位时间内大学生就业能力增加量
R5	学生素质增加量	单位时间内大学生素质增加量
R6	学生素质减少量	单位时间内大学生素质减少量
R7	人际关系增加量	单位时间内大学生人际关系增加量
R8	人际关系减少量	单位时间内大学生人际关系减少量
R9	危机行为增加量	单位时间内大学生危机行为增加量
R10	危机行为减少量	单位时间内大学生危机行为减少量

（3）辅助变量设置在水平变量和速率变量之间，是系统的信息量，当速率变量的表达复杂时，可使用辅助变量简化模型表达，用辅助变量描述其中一部分，辅助变量参数如表 4.3 所示。

表 4.3　辅助变量参数

变量代码	变量名称	变量含义
A1	心理承受力影响系数	当大学生的心理承受力作用于人际关系水平时，人际关系水平增加或减少的系数
A2	情感问题干预系数	当情感问题作用于大学生危机行为时，大学生危机行为水平增加或减少的系数
A3	认知水平影响系数	当大学生的认知水平作用于情感问题时，大学生情感问题增加或减少的系数

续表

变量代码	变量名称	变量含义
A4	就业能力干预系数	当就业能力作用于大学生危机行为时，大学生危机行为水平增加或减少的系数
A5	学生素质影响系数	当大学生的素质水平作用于就业能力时，大学生就业能力增加或减少的系数
A6	人际关系干预系数	当人际关系水平作用于大学生危机行为时，大学生危机行为水平增加或减少的系数
A7	人格障碍	无量纲，表示单位时间内人格障碍水平的变化量
A8	学校环境建设	无量纲，表示单位时间内学校环境建设的变化量

（4）常量表示在系统仿真过程中不随时间变化的量，常量参数如表 4.4 所示。

表 4.4　常量参数

变量代码	变量名称	变量含义
P1	老师认同和激励	无量纲，表示单位时间内老师认同和激励学生的水平值
P2	亲人支持	无量纲，表示单位时间内亲人支持学生的水平值
P3	心理援助	无量纲，表示单位时间内心理援助的水平值
P4	朋友理解	无量纲，表示单位时间内朋友理解的水平值
P5	情感讲座	无量纲，表示单位时间内情感讲座的水平值
P6	规范网络环境	无量纲，表示单位时间内规范网络环境的程度值
P7	公众人物效应	无量纲，表示单位时间内公众人物效应的水平值
P8	父母教导	无量纲，表示单位时间内父母教导孩子的水平值
P9	优秀传统文化	无量纲，表示单位时间内优秀传统文化的水平值
P10	师德建设	无量纲，表示单位时间内学校师德建设的水平值
P11	教学方式	无量纲，表示单位时间内学校教学方式的水平值
P12	严格学校制度	无量纲，表示单位时间内学校严格管理制度的水平值
P13	校企合作	无量纲，表示单位时间内校企合作的程度值
P14	调整专业设置	无量纲，表示单位时间内学校调整专业设置的水平值
P15	建立实践平台	无量纲，表示单位时间内学校建立实践平台的水平值
P16	树立正确价值观	无量纲，表示单位时间内大学生树立正确价值观的程度值
P17	增加师资力量	无量纲，表示单位时间内学校师资力量的增加值
P18	校园文化建设	无量纲，表示单位时间内校园文化建设的水平值
P19	教育缺失	无量纲，表示单位时间内教育缺失的水平值
P20	开展社会实践	无量纲，表示单位时间内社会实践开展的程度值
P21	团体辅导	无量纲，表示单位时间内团体辅导的水平值

续表

变量代码	变量名称	变量含义
P22	宿舍文化	无量纲，表示单位时间内宿舍文化建设的水平值
P23	媒体负面新闻	无量纲，表示单位时间内媒体负面新闻的水平值
PL1-1	老师认同和激励对心理承受力的影响系数	当老师认同和激励作用于大学生心理承受力时，心理承受力增加或减少的系数（PL1-1 + PL2-1 + PL3-1 = 1）
PL2-1	亲人支持对心理承受力的影响系数	当亲人支持作用于大学生心理承受力时，心理承受力增加或减少的系数（PL1-1 + PL2-1 + PL3-1 = 1）
PL3-1	心理援助对心理承受力的影响系数	当心理援助作用于大学生心理承受力时，心理承受力增加或减少的系数（PL1-1 + PL2-1 + PL3-1 = 1）
PL4-2	朋友理解对情感问题的影响系数	当朋友理解作用于大学生情感问题时，情感问题增加或减少的系数（PL4-2 + PL2-2 + PL5-2 + PL3-2 + LL3-2 = 1）
PL2-2	亲人支持对情感问题的影响系数	当亲人支持作用于大学生情感问题时，情感问题增加或减少的系数（PL4-2 + PL2-2 + PL5-2 + PL3-2 + LL3-2 = 1）
PL5-2	情感讲座对情感问题的影响系数	当情感讲座作用于大学生情感问题时，情感问题增加或减少的系数（PL4-2 + PL2-2 + PL5-2 + PL3-2 + LL3-2 = 1）
PL3-2	心理援助对情感问题的影响系数	当心理援助作用于大学生情感问题时，情感问题增加或减少的系数（PL4-2 + PL2-2 + PL5-2 + PL3-2 + LL3-2 = 1）
LL3-2	认知水平对情感问题的影响系数	当大学生认知水平作用于情感问题时，情感问题增加或减少的系数（PL4-2 + PL2-2 + PL5-2 + PL3-2 + LL3-2 = 1）
PL7-3	公众人物效应对认知水平的影响系数	当公众人物效应作用于大学生认知能力时，认知水平提高或下降的系数（PL7-3 + PL6-3 + PL8-3 + PL9-3 + AL8-3 = 1）
PL6-3	规范网络环境对认知水平的影响系数	当规范网络环境作用于大学生认知能力时，认知水平提高或下降的系数（PL7-3 + PL6-3 + PL8-3 + PL9-3 + AL8-3 = 1）
AL8-3	学校环境建设对认知水平的影响系数	当学校环境建设作用于大学生认知能力时，认知水平提高或下降的系数（PL7-3 + PL6-3 + PL8-3 + PL9-3 + AL8-3 = 1）
PL8-3	父母教导对认知水平的影响系数	当父母教导作用于大学生认知能力时，认知水平提高或下降的系数（PL7-3 + PL6-3 + PL8-3 + PL9-3 + AL8-3 = 1）
PL9-3	优秀传统文化对认知水平的影响系数	当优秀传统文化作用于大学生认知能力时，认知水平提高或下降的系数（PL7-3 + PL6-3 + PL8-3 + PL9-3 + AL8-3 = 1）
PL13-4	校企合作对就业能力水平的影响系数	当校企合作作用于大学生就业能力时，就业能力上升或下降的系数（PL13-4 + PL14-4 + PL15-4 + LL5-4 = 1）
PL14-4	调整专业设置对就业能力水平的影响系数	当调整专业设置作用于大学生就业能力时，就业能力上升或下降的系数（PL13-4 + PL14-4 + PL15-4 + LL5-4 = 1）
PL15-4	建立实践平台对就业能力水平的影响系数	当建立实践平台作用于大学生就业能力时，就业能力上升或下降的系数（PL13-4 + PL14-4 + PL15-4 + LL5-4 = 1）
LL5-4	学生素质水平对就业能力水平的影响系数	当学生素质作用于大学生就业能力时，就业能力上升或下降的系数（PL13-4 + PL14-4 + PL15-4 + LL5-4 = 1）
PL16-5	树立正确价值观对学生素质水平的影响系数	当树立正确价值观作用于大学生素质问题时，素质水平提高或下降的系数（PL16-5 + PL17-5 + PL18-5 + PL19-5 + PL9-5 = 1）
PL17-5	增加师资力量对学生素质水平的影响系数	当增加师资力量作用于大学生素质问题时，素质水平提高或下降的系数（PL16-5 + PL17-5 + PL18-5 + PL19-5 + PL9-5 = 1）

续表

变量代码	变量名称	变量含义
PL9-5	优秀传统文化对学生素质水平的影响系数	当中华优秀传统文化作用于大学生素质问题时，素质水平提高或下降的系数（PL16-5 + PL17-5 + PL18-5 + PL19-5 + PL9-5 = 1）
PL18-5	校园文化建设对学生素质水平的影响系数	当校园文化建设作用于大学生素质问题时，素质水平提高或下降的系数（PL16-5 + PL17-5 + PL18-5 + PL19-5 + PL9-5 = 1）
PL19-5	教育缺失对学生素质水平的影响系数	当教育缺失作用于大学生素质问题时，素质水平提高或下降的系数（PL16-5 + PL17-5 + PL18-5 + PL19-5 + PL9-5 = 1）
PL20-6	开展社会实践对人际关系水平的影响系数	当开展社会实践作用于大学生人际关系时，人际关系水平提高或下降的系数（PL20-6 + PL21-6 + PL22-6 + PL3-6 + LL1-6 + AL7-6 = 1）
PL21-6	团体辅导对人际关系水平的影响系数	当团体辅导作用于大学生人际关系时，人际关系水平提高或下降的系数（PL20-6 + PL21-6 + PL22-6 + PL3-6 + LL1-6 + AL7-6 = 1）
PL22-6	宿舍文化对人际关系水平的影响系数	当宿舍文化作用于大学生人际关系时，人际关系水平提高或下降的系数（PL20-6 + PL21-6 + PL22-6 + PL3-6 + LL1-6 + AL7-6 = 1）
PL3-6	心理援助对人际关系水平的影响系数	当心理援助作用于大学生人际关系时，人际关系水平提高或下降的系数（PL20-6 + PL21-6 + PL22-6 + PL3-6 + LL1-6 + AL7-6 = 1）
LL1-6	心理承受力水平对人际关系水平的影响系数	当心理承受力作用于人际关系时，人际关系水平提高或下降的系数（PL20-6 + PL21-6 + PL22-6 + PL3-6 + LL1-6 + AL7-6 = 1）
AL7-6	人格障碍对人际关系水平的影响系数	当人格障碍作用于人际关系水平时，人际关系水平提高或下降的系数（PL20-6 + PL21-6 + PL22-6 + PL3-6 + LL1-6 + AL7-6 = 1）
PA10-8	师德建设对学校环境建设的影响系数	当师德建设应用于学校环境建设时，学校环境提高或下降的系数（PA10-8 + PA11-8 + PA12-8 = 1）
PA11-8	教学方式对学校环境建设的影响系数	当教学方式改革应用于学习环境建设时，学校环境提高或下降的系数（PA10-8 + PA11-8 + PA12-8 = 1）
PA12-8	严格学校制度对学校环境建设的影响系数	当学校制度规范应用于学校环境建设时，学校环境提高或下降的系数（PA10-8 + PA11-8 + PA12-8 = 1）
PA23-7	媒体负面新闻对人格障碍的影响系数	当媒体负面新闻作用于人格障碍时，人格障碍增加或减少的系数

4.2.5　大学生危机行为防控系统流图构建

系统流图又称为存量流量图，存量是积累，表明系统的状态并为决策和行动提供信息基础；流量则反映了存量的时间变化，流入和流出之间的差异随着时间积累而产生存量。系统流图能够更详细地表达出系统的结构形式，可以用直观的形式给出数学方程信息，方便进行表达和交流。系统流图是系统动力学结构模型的基本形式，绘制系统流图是系统动力学建模的核心内容，系统流图基本要素有状态变量、速率变量、辅助变量、常量。

因果关系图描绘了大学生危机行为、防控策略、影响因素之间的反馈关系，系统流图则反映系统中不同变量的比对及系统行为随着时间变化的趋势。因此，为了呈现出系统运动和不断发展的态势，在因果反馈回路的基础上，运用系统动力学研究方法，量化处理大学生危机行为防控系统，构建大学生危机行为防控系统流图，即大学生危机行为防控系统的系统动力学模型，如图 4.5 所示。

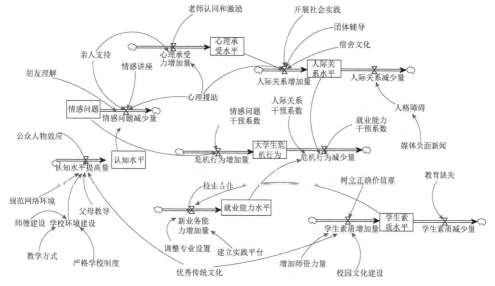

图 4.5　大学生危机行为防控系统流图

4.2.6　系统动力学方程的建立

根据前面构建的大学生危机行为防控模型及确定的仿真变量，建立大学生危机行为系统动力学方程，具体的系统动力学方程如下。

大学生危机行为水平 L7 = INTEG（危机行为增加量 R9−危机行为减少量 R10）

危机行为增加量 R9 = 情感问题水平 L2×情感问题干预系数 A2

危机行为减少量 R10 = 人际关系水平 L6×人际关系干预系数 A6 + 就业能力水平 L4×就业能力干预系数 A4

心理承受力水平 L1 = INTEG（心理承受力增加量 R1）

心理承受力增加量 R1 = 老师认同和激励 P1×老师认同和激励对心理承受力的影响系数 PL1-1 + 亲人支持 P2×亲人支持对心理承受力的影响系数 PL2-1 + 心理援助 P3×心理援助对心理承受力的影响系数 PL3-1

情感问题水平 L2 = INTEG（−情感问题减少量 R2）

情感问题减少量 R2 = 亲人支持 P2×亲人支持对情感问题的影响系数 PL2-2 + 朋友理解 P4×朋友理解对情感问题的影响系数 PL4-2 + 情感讲座 P5×情感讲座对情感问题的影响系数 PL5-2 + 心理援助 P3×心理援助对情感问题的影响系数 PL3-2

认知水平 L3 = INTEG（认知水平提高量 R3）

认知水平提高量 R3 = 公众人物效应 P7×公众人物效应对认知水平的影响系数 PL7-3 + 规范网络环境 P6×规范网络环境对认知水平的影响系数 PL6-3 + 学校环境建设 A8×学校环境建设对认知水平的影响系数 AL8-3 + 父母教导 P8×父母教导对认知水平的影响系数 PL8-3 + 优秀传统文化 P9×优秀传统文化对认知水平的影响系数 PL9-3

学校环境建设 A8 = 师德建设 P10×师德建设对学校环境建设的影响系数 PA10-8 + 教学方式 P11×教学方式对学校环境建设的影响系数 PA11-8 + 严格学校制度 P12×严格学校制度对学校环境建设的影响系数 PA12-8

就业能力水平 L4 = INTEG（就业能力增加量 R4）

就业能力增加量 R4 = 校企合作 P13×校企合作对就业能力水平的影响系数 PL13-4 + 调整专业设置 P14×调整专业设置对就业能力水平的影响系数 PL14-4 + 建立实践平台 P15×建立实践平台对就业能力水平的影响系数 PL15-4 + 学生素质水平 L5×学生素质水平对就业能力水平的影响系数 LL5-4

学生素质水平 L5 = INTEG（学生素质增加量 R5–学生素质减少量 R6）

学生素质增加量 R5 = 树立正确价值观 P16×树立正确价值观对学生素质的影响系数 PL16-5 + 增加师资力量 P17×增加师资力量对学生素质的影响系数 PL17-5 + 校园文化建设 P18×校园文化建设对学生素质的影响系数 PL18-5

学生素质减少量 R6 = 教育缺失 P19×教育缺失对学生素质的影响系数 PL19-5

人际关系水平 L6 = INTEG（人际关系增加量 R7–人际关系减少量 R8）

人际关系增加量 R7 = 开展社会实践 P20×开展社会实践对人际关系水平的影响系数 PL20-6 + 团体辅导 P21×团体辅导对人际关系水平的影响系数 PL21-6 + 宿舍文化 P22×宿舍文化对人际关系水平的影响系数 PL22-6 + 心理援助 P3×心理援助对人际关系水平的影响系数 PL3-6 + 心理承受力水平 L1×心理承受力水平对人际关系水平的影响系数 LL1-6

人际关系减少量 R8 = 人格障碍 A7×人格障碍对人际关系的影响系数 AL7-6

人格障碍 A7 = 媒体负面新闻 P23×媒体负面新闻对人格障碍的影响系数 PA23-7

4.3　案例仿真与分析

4.3.1　仿真初值确定

本节以天津市各高校的大学生为研究对象来验证干预策略的有效性。通过向天津市各大高校的大学生分发调查问卷的形式统计各状态变量对大学生危机行为的影响程度，同时邀请相关专家对大学生危机行为的实际情况进行评分，对大学生危机行为的状态变量的初始值进行打分，综合专家评分及问卷统计数据最终确定各个状态变量的初始值，各状态变量的初始值设定为（L1, L2, L3, L4, L5, L6）=（80, 80, 70, 75, 70, 85）。

4.3.2　基于层次分析法的影响系数分析

人们在进行社会领域、经济领域及科学管理领域问题的系统分析的过程中，面临的常常是一个由相互关联、相互制约的众多因素构成的复杂而往往缺少定量数据的决策系统。层次分析法的出现恰好能够为决策者解决那些难以定量描述的决策，将一个复杂的系统分解为多个目标或准则，用决策者的经验判断各衡量目标的重要程度，并合理给出诸要素相对重要性的总排序，是一种定性分析与定量分析相结合的决策分析方法。

根据大学生危机行为防控系统流图，将研究系统条理化和层次化处理，以便于计算各因素的影响系数。影响大学生危机行为的因素有情感问题水平、就业能力水平、人际关系水平；影响心理承受力的因素有老师认同和激励、亲人支持、心理援助；影响情感问题的因素有朋友理解、亲人支持、情感讲座、心理援助、认知水平；影响认知水平的因素有公众人物效应、规范网络环境、父母教导、学校环境建设、优秀传统文化；影响就业能力的因素有校企合作、调整专业设置、建立实践平台、学生素质水平；影响学校环境建设的因素有师德建设、教学方式、严格学校制度；影响学生素质水平的因素有树立正确价值观、增加师资力量、校园文化建设、优秀传统文化、教育缺失；影响人际关系水平的因素有开展社会实践、团体辅导、宿舍文化、心理承受力、心理援助、人格障碍。

（1）大学生危机行为。影响大学生危机行为的因素有：C_1 情感问题水平、C_2 人际关系水平、C_3 就业能力水平，判断矩阵如表 4.5 所示。其中，E 表示对每个元素进行两两比较判断后得到的矩阵数值；$\overline{W}_i$ 为矩阵元素的几何平均值，W_i 为其归一化向量，矩阵中的元素用 a_{ij} 表示。

表 4.5　大学生危机行为判断矩阵

E	C_1	C_2	C_3	$\overline{W}_i$	W_i	
C_1	1	1/3	1/2	0.550	0.157	$\lambda_{max} = 3.0536$
C_2	3	1	3	2.08	0.593	CI = 0.0268 RI = 0.52
C_3	2	1/3	1	0.874	0.250	CR = 0.0515

$$\overline{W}_1 = \left(\prod_{j=1}^{3} a_{1j} \right)^{\frac{1}{3}} = \left(1 \times \frac{1}{3} \times \frac{1}{2} \right)^{\frac{1}{3}} = 0.550$$

得出 $\overline{W}_i$ 分别为 $\overline{W}_1 = 0.550$ ， $\overline{W}_2 = 2.08$ ， $\overline{W}_3 = 0.874$ 。

$$W_1 = \frac{\overline{W}_1}{\sum\limits_{j=1}^{3} \overline{W}_j} = \frac{0.550}{0.550 + 2.08 + 0.874} = 0.157$$

得出 W_i 分别为 $W_1 = 0.157$ ， $W_2 = 0.593$ ， $W_3 = 0.250$ 。

$$\lambda_{\max} = \frac{1}{3} \sum_{i=1}^{3} \frac{\sum\limits_{j=1}^{3} a_{ij} W_j}{W_i} = 3.0536$$

$$CI = \frac{\lambda_{\max} - n}{n - 1} = \frac{3.0536 - 3}{2} = 0.0268$$

$$CR = \frac{CI}{RI} = \frac{0.0268}{0.52} = 0.0515 < 0.1$$

式中， n 为因素个数。

由判断准则可知：当 $CR = 0.0515 < 0.1$ 时，判断矩阵具有满意的一致性。

（2）心理承受力。影响心理承受力的因素有： C_1 亲人支持、 C_2 老师认同和激励、 C_3 心理援助，判断矩阵如表 4.6 所示。

表 4.6　心理承受力判断矩阵

E	C_1	C_2	C_3	$\overline{W}_i$	W_i	
C_1	1	3	4	2.289	0.625	$\lambda_{\max} = 3.0183$
C_2	1/3	1	2	0.874	0.238	$CI = 0.0092$ $RI = 0.52$
C_3	1/4	1/2	1	0.5	0.137	$CR = 0.0177$

$$\overline{W}_1 = \left(\prod_{j=1}^{3} a_{1j} \right)^{\frac{1}{3}} = (1 \times 3 \times 4)^{\frac{1}{3}} = 2.289$$

得出 $\overline{W}_i$ 分别为 $\overline{W}_1 = 2.289$ ， $\overline{W}_2 = 0.874$ ， $\overline{W}_3 = 0.5$ 。

$$W_1 = \frac{\overline{W}_1}{\sum\limits_{j=1}^{3} \overline{W}_j} = \frac{2.289}{2.289 + 0.874 + 0.5} = 0.625$$

得出 W_i 分别为 $W_1 = 0.625$ ， $W_2 = 0.238$ ， $W_3 = 0.137$ 。

$$\lambda_{\max} = \frac{1}{3}\sum_{i=1}^{3}\frac{\sum\limits_{j=1}^{3}a_{ij}W_j}{W_i} = 3.0183$$

$$CI = \frac{\lambda_{\max} - n}{n-1} = \frac{3.0183-3}{2} = 0.0092$$

$$CR = \frac{CI}{RI} = \frac{0.0091}{0.52} = 0.0177 < 0.1$$

由判断准则可知：当 CR = 0.0177＜0.1 时，判断矩阵具有满意的一致性。

（3）情感问题。影响情感问题的因素有 C_1 朋友理解、C_2 亲人支持、C_3 情感讲座、C_4 心理援助、C_5 认知水平，判断矩阵如表 4.7 所示。

表 4.7　情感问题判断矩阵

U	C_1	C_2	C_3	C_4	C_5	$\overline{W}_i$	W_i	
C_1	1	1/2	3	3	1	1.351	0.223	$\lambda_{\max} = 5.0179$
C_2	2	1	4	5	2	2.402	0.397	$CI = 0.0045$
C_3	1/3	1/4	1	1	1/3	0.488	0.081	$RI = 1.12$
C_4	1/3	1/5	1	1	1/3	0.467	0.076	$CR = 0.0040$
C_5	1	1/2	3	3	1	1.351	0.223	

$$\overline{W}_1 = \left(\prod_{j=1}^{5}a_{1j}\right)^{\frac{1}{5}} = \left(1 \times \frac{1}{2} \times 3 \times 3 \times 1\right)^{\frac{1}{5}} = 1.351$$

得出 $\overline{W}_i$ 分别为 $\overline{W}_1 = 1.351$，$\overline{W}_2 = 2.402$，$\overline{W}_3 = 0.488$，$\overline{W}_4 = 0.467$，$\overline{W}_5 = 1.351$。

$$W_1 = \frac{\overline{W}_1}{\sum\limits_{j=1}^{5}\overline{W}_j} = \frac{1.351}{1.351 + 2.402 + 0.488 + 0.467 + 1.351} = 0.223$$

得出 W_i 分别为 $W_1 = 0.223$，$W_2 = 0.397$，$W_3 = 0.081$，$W_4 = 0.076$，$W_5 = 0.223$。

$$\lambda_{\max} = \frac{1}{5}\sum_{i=1}^{5}\frac{\sum\limits_{j=1}^{5}a_{ij}W_j}{W_i} = 5.0179$$

$$CI = \frac{\lambda_{\max} - n}{n-1} = \frac{5.0179-5}{4} = 0.0045$$

$$CR = \frac{CI}{RI} = \frac{0.0045}{1.12} = 0.0040 < 0.1$$

由判断准则可知：当 CR = 0.0040＜0.1 时，判断矩阵具有满意的一致性。

（4）认知水平。影响认知水平的因素有：C_1 公众人物效应、C_2 规范网络环境、C_3 学校环境建设、C_4 父母教导、C_5 优秀传统文化，判断矩阵如表 4.8 所示。

表 4.8　认知水平判断矩阵

E	C_1	C_2	C_3	C_4	C_5	$\overline{W_i}$	W_i	
C_1	1	1/2	1/3	1/5	1/3	0.407	0.066	$\lambda_{max} = 5.1289$
C_2	2	1	1/3	1/4	1/3	0.561	0.091	CI = 0.0322
C_3	3	3	1	1/3	1	1.246	0.196	RI = 1.12
C_4	5	4	3	1	3	2.825	0.451	CR = 0.0288
C_5	3	3	1	1/3	1	1.246	0.196	

$$\overline{W}_1 = \left(\prod_{j=1}^{5} a_{1j} \right)^{\frac{1}{5}} = \left(1 \times \frac{1}{2} \times \frac{1}{3} \times \frac{1}{5} \times \frac{1}{3} \right)^{\frac{1}{5}} = 0.407$$

得出 $\overline{W}_i$ 分别为 $\overline{W}_1 = 0.407$，$\overline{W}_2 = 0.561$，$\overline{W}_3 = 1.246$，$\overline{W}_4 = 2.825$，$\overline{W}_5 = 1.246$。

$$W_1 = \frac{\overline{W}_1}{\sum_{j=1}^{5} \overline{W}_j} = \frac{0.407}{0.407 + 0.561 + 1.246 + 2.825 + 1.246} = 0.065$$

得出 W_i 分别为 $W_1 = 0.065$，$W_2 = 0.091$，$W_3 = 0.196$，$W_4 = 0.451$，$W_5 = 0.196$。

$$\lambda_{max} = \frac{1}{5} \sum_{i=1}^{5} \frac{\sum_{j=1}^{5} a_{ij} W_j}{W_i} = 5.1289$$

$$CI = \frac{\lambda_{max} - n}{n-1} = \frac{5.1289 - 5}{4} = 0.0322$$

$$CR = \frac{CI}{RI} = \frac{0.0322}{1.12} = 0.0288 < 0.1$$

由判断准则可知：当 CR = 0.0288＜0.1 时，判断矩阵具有满意的一致性。

（5）就业能力。影响就业能力的因素有：C_1 学生素质水平、C_2 校企合作、C_3 建立实践平台、C_4 调整专业设置，判断矩阵如表 4.9 所示。

表 4.9　就业能力判断矩阵

E	C_1	C_2	C_3	C_4	$\overline{W_i}$	W_i	
C_1	1	1/2	3	4	1.565	0.325	$\lambda_{max} = 4.1046$
C_2	2	1	2	5	2.114	0.438	CI = 0.0349
C_3	1/3	1/2	1	2	0.759	0.157	RI = 0.89
C_4	1/4	1/5	1/2	1	0.397	0.08	CR = 0.0392

$$\overline{W}_1 = \left(\prod_{j=1}^{4} a_{1j}\right)^{\frac{1}{4}} = \left(1 \times \frac{1}{2} \times 3 \times 4\right)^{\frac{1}{4}} = 1.565$$

得出 $\overline{W}_i$ 分别为 $\overline{W}_1 = 1.565$，$\overline{W}_2 = 2.114$，$\overline{W}_3 = 0.759$，$\overline{W}_4 = 0.397$。

$$W_1 = \frac{\overline{W}_1}{\sum_{j=1}^{4} W_j} = \frac{1.565}{1.565 + 2.114 + 0.759 + 0.397} = 0.324$$

得出 W_i 分别为 $W_1 = 0.324$，$W_2 = 0.438$，$W_3 = 0.157$，$W_4 = 0.08$。

$$\lambda_{\max} = \frac{1}{4}\sum_{i=1}^{4} \frac{\sum_{j=1}^{4} a_{ij}W_j}{W_i} = 4.1046$$

$$\mathrm{CI} = \frac{\lambda_{\max} - n}{n - 1} = \frac{4.1046 - 4}{3} = 0.0349$$

$$\mathrm{CR} = \frac{\mathrm{CI}}{\mathrm{RI}} = \frac{0.0349}{0.89} = 0.0392 < 0.1$$

由判断准则可知：当 $\mathrm{CR} = 0.0392 < 0.1$ 时，判断矩阵具有满意的一致性。

（6）学生素质水平。影响学生素质水平的因素有：C_1 树立正确价值观、C_2 增加师资力量、C_3 校园文化建设、C_4 教育缺失、C_5 优秀传统文化，判断矩阵如表 4.10 所示。

表 4.10　学生素质水平判断矩阵

E	C_1	C_2	C_3	C_4	C_5	$\overline{W}_i$	W_i	
C_1	1	4	3	3	2	2.352	0.398	$\lambda_{\max} = 5.1055$
C_2	1/4	1	1/3	1/3	1/3	0.392	0.067	$\mathrm{CI} = 0.0264$
C_3	1/3	3	1	1	1/2	0.870	0.147	$\mathrm{RI} = 1.12$
C_4	1/3	3	1	1	1/2	0.870	0.147	$\mathrm{CR} = 0.0236$
C_5	1/2	3	2	2	1	1.431	0.241	

$$\overline{W}_1 = \left(\prod_{j=1}^{5} a_{1j}\right)^{\frac{1}{5}} = (1 \times 4 \times 3 \times 3 \times 2)^{\frac{1}{5}} = 2.352$$

得出 $\overline{W}_i$ 分别为 $\overline{W}_1 = 2.352$，$\overline{W}_2 = 0.392$，$\overline{W}_3 = 0.870$，$\overline{W}_4 = 0.870$，$\overline{W}_5 = 1.431$。

$$W_1 = \frac{\overline{W}_1}{\sum_{j=1}^{5} W_j} = \frac{2.352}{2.352 + 0.392 + 0.870 + 0.870 + 1.431} = 0.398$$

得出 W_i 分别为 $W_1 = 0.398$，$W_2 = 0.067$，$W_3 = 0.147$，$W_4 = 147$，$W_5 = 0.241$。

$$\lambda_{\max} = \frac{1}{5}\sum_{i=1}^{5}\frac{\sum_{j=1}^{5}a_{ij}W_j}{W_i} = 5.1055$$

$$\mathrm{CI} = \frac{\lambda_{\max} - n}{n-1} = \frac{5.1055 - 5}{4} = 0.0264$$

$$\mathrm{CR} = \frac{\mathrm{CI}}{\mathrm{RI}} = \frac{0.0264}{1.12} = 0.0236 < 0.1$$

由判断准则可知：当 CR = 0.0235＜0.1 时，判断矩阵具有满意的一致性。

（7）人际关系水平。影响人际关系水平的因素有：C_1 开展社会实践、C_2 团体辅导、C_3 宿舍文化、C_4 心理援助、C_5 心理承受力、C_6 人格障碍，判断矩阵如表 4.11 所示。

表 4.11　人际关系水平判断矩阵

E	C_1	C_2	C_3	C_4	C_5	C_6	$\bar{W}_i$	W_i	
C_1	1	2	1/3	1/2	1/5	1/4	0.505	0.066	
C_2	1/2	1	1/3	1/2	1/5	1/4	0.401	0.052	$\lambda_{\max} = 6.1922$
C_3	3	3	1	2	1/3	1/2	1.201	0.152	$\mathrm{CI} = 0.0384$
C_4	2	2	1/2	1	1/4	1/3	0.741	0.094	$\mathrm{RI} = 1.26$
C_5	5	5	3	4	1	3	3.107	0.406	$\mathrm{CR} = 0.0305$
C_6	4	4	2	3	1/3	1	1.781	0.229	

$$\bar{W}_1 = \left(\prod_{j=1}^{6}a_{1j}\right)^{\frac{1}{6}} = \left(1\times 2\times \frac{1}{3}\times \frac{1}{2}\times \frac{1}{5}\times \frac{1}{4}\right)^{\frac{1}{6}} = 0.505$$

得出 $\bar{W}_i$ 分别为 $\bar{W}_1 = 0.505$，$\bar{W}_2 = 0.401$，$\bar{W}_3 = 1.201$，$\bar{W}_4 = 0.741$，$\bar{W}_5 = 3.107$，$\bar{W}_6 = 1.781$。

$$W_1 = \frac{\bar{W}_1}{\sum_{j=1}^{6}W_j} = \frac{0.505}{0.505 + 0.401 + 1.201 + 0.741 + 3.107 + 1.781} = 0.065$$

得出 W_i 分别为 $W_1 = 0.065$，$W_2 = 0.052$，$W_3 = 0.152$，$W_4 = 0.094$，$W_5 = 0.406$，$W_6 = 0.229$。

$$\lambda_{\max} = \frac{1}{6}\sum_{i=1}^{6}\frac{\sum_{j=1}^{6}a_{ij}W_j}{W_i} = 6.1922$$

$$\mathrm{CI} = \frac{\lambda_{\max} - n}{n-1} = \frac{6.1922 - 6}{5} = 0.0384$$

$$CR = \frac{CI}{RI} = \frac{0.0384}{1.26} = 0.0305 < 0.1$$

由判断准则可知：当 $CR = 0.0305 < 0.1$ 时，判断矩阵具有满意的一致性。

（8）学校环境建设。影响学校环境建设的因素有：C_1 师德建设、C_2 教学方式、C_3 严格学校制度，判断矩阵如表 4.12 所示。

表 4.12　学校环境建设判断矩阵

E	C_1	C_2	C_3	$\overline{W}_i$	W_i	
C_1	1	3	2	1.817	0.540	$\lambda_{max} = 3.0092$
C_2	1/3	1	1/2	0.550	0.163	$CI = 0.0046$ $RI = 0.52$
C_3	1/2	2	1	1	0.297	$CR = 0.0088$

$$\overline{W}_1 = \left(\prod_{j=1}^{3} a_{1j}\right)^{\frac{1}{3}} = (1 \times 3 \times 2)^{\frac{1}{3}} = 1.817$$

得出 $\overline{W}_i$ 分别为 $\overline{W}_1 = 1.817$，$\overline{W}_2 = 0.550$，$\overline{W}_3 = 1$。

$$W_1 = \frac{\overline{W}_1}{\sum_{j=1}^{3} W_j} = \frac{1.817}{1.817 + 0.550 + 1} = 0.540$$

得出 W_i 分别为 $W_1 = 0.540$，$W_2 = 0.163$，$W_3 = 0.297$。

$$\lambda_{max} = \frac{1}{3}\sum_{i=1}^{3} \frac{\sum_{j=1}^{3} a_{ij} W_j}{W_i} = 3.0092$$

$$CI = \frac{\lambda_{max} - n}{n - 1} = \frac{3.0092 - 3}{2} = 0.0046$$

$$CR = \frac{CI}{RI} = \frac{0.0046}{0.52} = 0.0088 < 0.1$$

由判断准则可知：当 $CR = 0.0088 < 0.1$ 时，判断矩阵具有满意的一致性。

4.3.3　模型仿真结果

基于系统动力学流图，将已确定的模型初始值代入模型进行仿真，模型的仿真时间设置为 12 个月，模型起始时间为 0，终止时间为 12，仿真时间步长设置为 1，时间单位为月。

（1）在当今情况下，学校、家庭、社会为了防控大学生危机行为的发生，从大学生的心理、情感、认知等方面采取了非常多的防控措施，这也使大学生感受到束缚和压力。但是当三者不再采取防控措施，而任由大学生自由发展时，又会产生什么样的后果？仿真结果如图 4.6 所示。

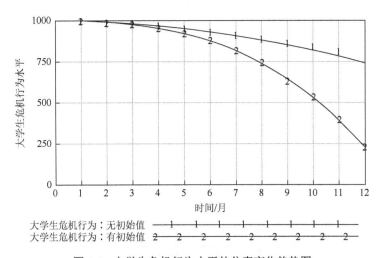

图 4.6　大学生危机行为水平的仿真变化趋势图

由仿真结果可以看出，如果不对大学生危机行为采取防控措施，大学生危机行为水平曲线的下降速度非常缓慢，在大学生自由发展的 12 个月内，大学生危机行为水平下降不足四分之一。但是，当学校、家庭、社会对大学生危机行为采取防控措施时，大学生危机行为水平的下降速度陡增，且随着时间的推移，最终趋向于 0。由此可见，大学生危机行为防控措施是必需的，而且是必要的。且通过模型仿真可以看出，当大学生危机行为减少时，影响它的大学生情感问题也在不断下降，大学生就业能力水平、人际关系水平不断提升，这说明大学生就业与人际关系问题及情感问题的解决，可以有效减少大学生危机行为的发生。

（2）心理承受力是个体在面对内在或外在逆境引起的心理压力和负性情绪时承受与调节的能力。随着社会的进步与发展，物质生活不断变好，大学生对自我的期望越来越高，但由于社会阅历浅，对未来抱有的希望太高，常常会面临来自学习、就业、人际关系等方面的一系列问题。心理承受力弱不仅会带来心理上的压力，同时也为人格的健全发展及适应竞争激烈的社会带来考验，而且严重的甚至会产生危机行为。因此，大学生心理承受力的培养需要得到家庭、学校及社会的高度重视，这里将大学生危机行为防控系统模型中的大学生心理承受力防控策略的强度分别提高两倍（分别对应线条 2、3、4）与所有防控策略共同提高两倍（对应线条 5），汇总仿真结果如图 4.7 所示。

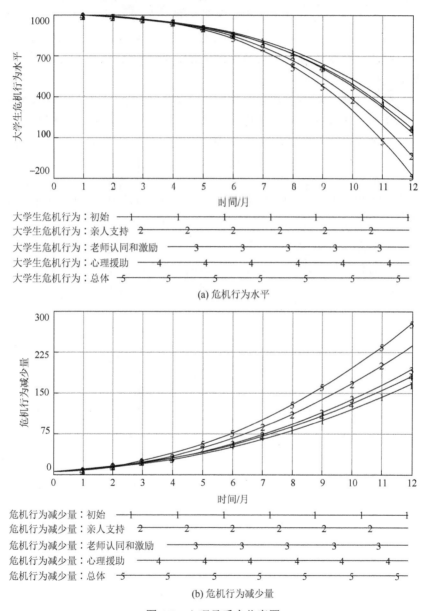

(a) 危机行为水平

(b) 危机行为减少量

图 4.7　心理承受力仿真图

　　由仿真结果可以看出，通过不同的方式提升大学生心理承受力，会对大学生危机行为产生不同程度的影响。在心理承受力的防控措施中，亲人支持能够更有效地减少大学生危机行为的发生量，对大学生危机行为水平产生的效果也最明显，老师认同和激励与心理援助对大学生危机行为的影响趋势相近，但提高老师的认同程度比增加心理援助的次数对降低大学生危机行为的数量更有效一些。总体提高所有防控措施的程度虽然能够更好地减少大学生危机行为，但必然会造成资源的浪费。由此可见，亲人支持对大学生的心理承受力起着决定性作用，针对大学生心理承受力方面的问题，增加大学生与亲人之间的交流会更有助于减少大学生危机行为。

（3）情感问题。大学生正处于青少年中期，是一生中心理变化最激烈的时期。大学学习环境与高中不同，由知识被动接收者转为主动参与者，大学生因无法适应这种新的学习方式，无法合理地分配时间，常常无所适从。我国大学生的心理健康从总体上看是积极、健康、向上的，但仍有一部分学生面对压力时会出现心理上的波动和情绪上的变化。且由于大学生青年阶段的心理并不成熟，在面临生理、心理及即将面对的就业问题时，总会出现或多或少的矛盾，如理想与现实的矛盾、理智与情感的冲突、自尊与自卑的冲突等。因此，针对大学生情感问题，家庭、学校及社会应引导当代大学生积极向上发展，将大学生危机行为防控系统模型中的大学生情感问题防控策略的强度分别提高至原来的两倍与所有防控策略共同提高两倍，观察各防控策略的效果，汇总仿真结果如图 4.8 所示。

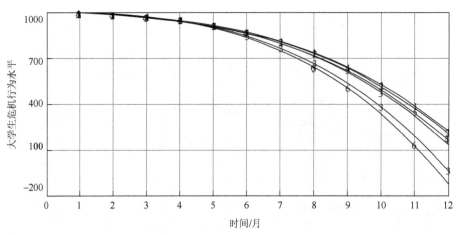

大学生危机行为：初始 ——1———————1——
大学生危机行为：朋友理解 —2———————2—
大学生危机行为：亲人支持 ——3———————3—
大学生危机行为：情感讲座 ———4————4—
大学生危机行为：心理援助 ———————5——
大学生危机行为：总体 —6————————6—

(a) 危机行为水平

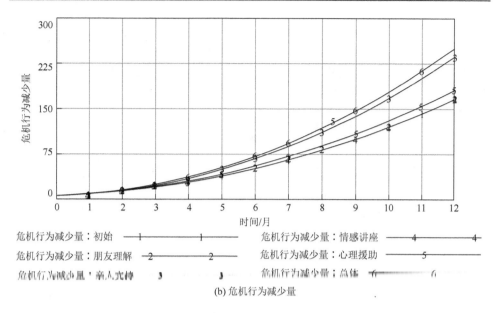

(b) 危机行为减少量

图 4.8　情感问题仿真图

　　由仿真结果可以看出，针对大学生情感问题而提出的几个防控策略，都对大学生危机行为水平产生影响。其中，如果父母能够对孩子有更多的支持，可以最大限度地减少大学生危机行为现象的发生，这说明父母与孩子关系的和谐程度可以帮助大学生构筑一道心理防线，有效规避大学生危机行为的发生。其余几项防控策略中，增加心理援助的强度对大学生危机行为水平产生的影响大于朋友理解和情感讲座，但和亲人支持防控策略产生的效果还是有很大差距的，和未增强大学生情感问题防控策略前已有的危机行为防控效果相近。同时，从图4.8中可以看出，总体增加大学生情感问题防控措施的强度和单独增加亲人支持防控措施的强度对大学生危机行为产生的影响并没有很大的差距，因此，针对大学生情感方面的问题，最有效的防控措施就是增加父母与大学生之间的沟通频率与提高沟通质量，对大学生多一些理解，多一些支持。

　　（4）认知水平是人脑加工、存储和提取信息的能力，即人们对事物的构成、功能、发展的动力和方向及基本规律的把握能力。在认知过程中，人们的认识会经历社会知觉、社会印象、社会判断的一个完整过程。认知对象展现在人们面前的往往都是表面形式，其内在本质和属性则被隐藏在表面之下，因而对它的认知是一个曲折的过程。同时，认知过程也要经历从感官认识到逐步深化的大脑思维处理和分析，在这个认知过程中，由于受到认知主体和外在环境的影响，认知会出现偏差。纵观我国现阶段的高等教育，发生过一些危机行为，这些行为的背后必然隐藏着大学生严重的认知偏差。因此，提高大学生的认知水平势在必行，它是减少大学生危机行为的必然要求。基于大学生危机行为防控系统，对大学生认知水平的影响因素进行仿真分析，将系统内影响因素的强度提高至原来的两倍，观察大学生危机行为的变化趋势，并得到各个影响因素调整后对大学生危机行为的影响变化程度，如图4.9所示。

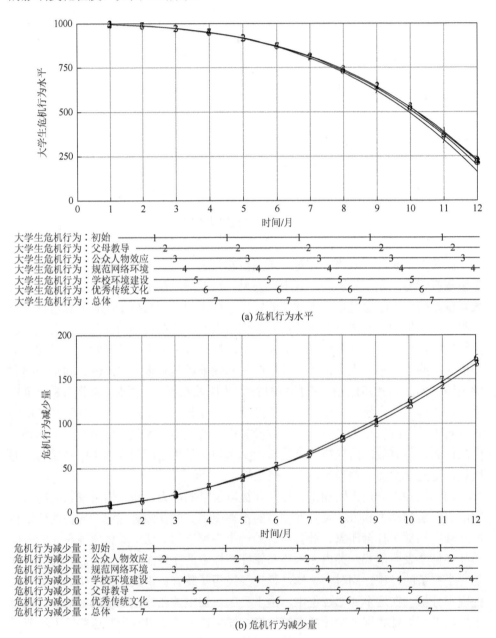

图 4.9　认知水平仿真图

从大学生认知水平的角度分析，根据图 4.9 反映的情况来看，大学生认知水平的变化并没有对大学生危机行为水平产生明显的影响，只是稍微降低了当前大学生危机行为水平。在众多防控策略中，父母对孩子优良的教导能够更好地提升大学生对外界事物的认知水平，比加强优秀传统文化的宣传力度更有影响。但是，在防控大学生危机行为过程中，优秀传统文化发挥的作用比父母教导防控措施产生的影响大。由此可见，提高大学生认知水平并不是减少大学生危机行为发生的最有效措施，但仍不可忽视认知水平对当代大学生的重要作用。

（5）就业能力是指实现大学生就业理想、满足社会需求、实现自身价值的能力，并不单指某一项技能、能力，而是大学生多方面能力的综合体。伴随社会经济的飞速发展，大学生就业已经成为当下的一个社会热点问题。一方面，在高等教育全面普及的情况下，高校不断扩招，大学毕业生的数量急剧增加，就业问题亟待解决；另一方面，高校课程的设置不合理，没有考虑过就业市场的供需关系，专业与市场就业岗位脱节，大学生社会实践的能力不足，缺乏进取精神的同时也缺少对岗位正确的认识。上述背景会给大学生带来较大的心理压力，其常常会过于严苛地要求自己，当现实与理想之间存在的差距非常大时，会由于自身脆弱的心理调节能力，而做出不理智的行为。因此，提高大学生的就业能力水平，也是减少大学生危机行为的一个重要举措。对大学生危机行为防控系统中的就业能力影响因素进行仿真分析，分别提高不同影响因素的作用强度，观察大学生危机行为水平的变化趋势，总结各影响因素对大学生危机行为的效果，仿真结果如图 4.10 所示。

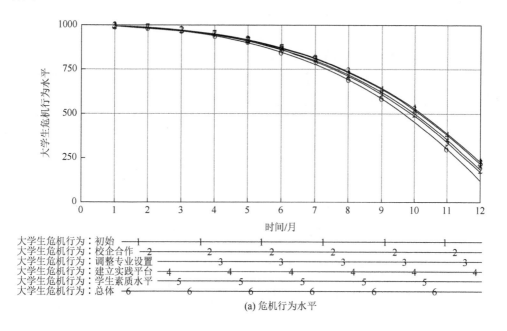

(a) 危机行为水平

从仿真结果可以看出，单独增强防控系统中某一个变量的强度并不能有效地降低大学生危机行为水平，大学生危机行为只是稍微有所下降。在众多提高大学生素质的措施中，帮助大学生树立正确的价值观能够更好地预防大学生危机行为的出现，相对其他提升大学生素质的措施更有效果。当现阶段提升大学生素质的措施全部增强后，可以明显减少大学生危机行为的发生。由于各方面影响因素产生的效果并没有太大的差别，因此通过提高大学生素质来减少危机行为的发生，需要家庭、学校和社会三方的共同努力，使大学生熏陶在良好的环境中。

（7）人际关系是人与人之间，在物质交往与精神交往中，借由思想、感情、行为表现而产生的互动关系。在新的社会环境下，影响大学生人际关系的因素日趋多元化，大学生人际交往的领域和方式也越来越多样化，大学的人际关系相比于中学更为复杂、广泛，社会性更强。此时的大学生正处于一种渴望交往、渴望理解的心理发展时期，人际关系的处理就显得尤为重要。良好的人际关系对大学生心理、道德、思想观念的发展起到良好的影响，是大学生心理正常发展、个性保持开朗和获得安全感的必然要求。然而已有研究表明，在大学生众多的心理问题中，有接近一半是由人际关系不良造成的。具体来说，个体与老师之间的师生关系淡薄、交流机会单一、交流内容匮乏等使理想中的亲密师生关系被破坏；个体与同学的矛盾，不同的生长环境、不同的性格及不同的心理成长造成双方之间的沟通障碍；个体与亲友之间存在代沟，个性更加鲜明、独立，对父母的管教存在抵触情绪。这种现状的存在对大学生心理健康有着直接负面影响，因此，提高大学生良好的人际交往能力，培养大学生的人际交往技巧十分必要。在大学生危机行为防控系统模型中，将大学生人际关系水平的影响因素的强度提高至原来的两倍，观察大学生危机行为水平的变化趋势，仿真结果如图 4.12 所示。

从仿真结果可以看出，人际关系水平的提高对减少大学生危机行为水平具有显著的影响，能够有效改善大学生危机行为。在人际关系水平的众多影响因素中，心理承受力与危机行为的减少量有着显著的正相关性。此外心理承受力也可以较为有效地减少危机行为的发生量，其余措施的增强并不能产生有效的改善。这说明提高大学生的心理承受力是通过提高大学生人际关系水平来减少大学生危机行为水平的最有效措施，应将提高心理承受力作为学校的一个教育目的，融入思想政治工作中，建立大学生心理健康档案，了解大学生的心理健康状况，把握大学生的心理变化波动，及时发现并纠正大学生的认知偏差，提高大学生面对挫折时的承受力。心理援助同样是针对大学生心理采取的防控措施，与提高心理承受力的措施具有相同的意义。因此，提高心理承受力是大学生和谐人际关系的首要方面，也是减少大学生危机行为的重要举措。

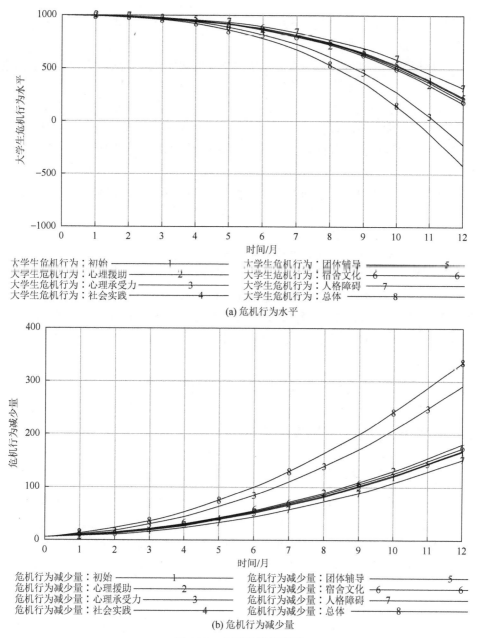

(a) 危机行为水平

(b) 危机行为减少量

图4.12　人际关系仿真图

4.4　大学生危机行为原因分析

从系统角度出发，分析大学生危机行为的产生原因，通过分析大学生危机行为的影响因素之间的联动关系及情景模拟实验结果，发现个体因素是导致大学生危机行为产生的最直接因素，学校因素、家庭因素、社会因素通过作用于个体因素而间接导致危机行为的发生。

通过模型的仿真分析，结合高校中大学生的实际状况，对系统内各影响因素进行分析，总结出以下大学生危机行为产生的直接和间接原因。

（1）大学生心理承受力差。他们基本没有经受过外界给他们带来的挫折和压力，所以心理大多是脆弱和敏感的，因此当面对大学中接踵而来的各种挫折和压力时，就会出现许多心理问题，并做出一些不理智的事情，造成大学生危机行为的发生。

（2）大学生素质水平受到一些不良社会风气的影响，使个体在与他人交往及就业等过程中产生矛盾和问题，最终导致大学生危机行为的发生。

（3）就业问题。现在企业对应聘者的综合素质要求逐渐提高，这给大学生造成了一定的心理压力，从而导致他们产生不理智的行为。

（4）亲人不支持。由于家长和孩子接受的教育不同步，家长眼中的孩子变得越来越个性，孩子眼中的家长变得越来越古板，家长不明白、不支持孩子的做法，孩子不体谅、不理解家长的想法，这使他们之间的代沟越来越深，沟通也越来越困难，从而容易造成大学生危机行为的产生。

4.5 大学生危机行为防控对策

4.5.1 基于大学生自身因素的建议

1. 注重大学生心理健康的培养

大学生群体是一个看似轻松，实际上却承担着较大压力的群体，拥有一个健康向上的心理尤为重要。有针对性地实施挫折承受力教育，对促进我国教育事业的发展和大学生的健康成长具有重要的理论意义和实践意义。挫折教育有利于磨炼大学生的性格和意志，有利于帮助大学生树立正确的价值观，使他们对自身有正确的认知，正确地看待生活中的得与失，同时也有利于提高他们的自我调适能力、情绪治愈能力及解决问题的能力。总体来说，挫折教育对大学生危机行为有一定的防控作用。因此，高校应当积极主动地开展挫折教育的讲座和培训，丰富校园文化活动，组织开展体能竞赛、情景模拟等教育活动，来提前预防并增强大学生对挫折的承受力；大学生自身要树立正确的态度观和认知观，要认识到挫折的必然性，在大学中，离开了父母的悉心呵护，要学会独立适应环境和社会，积极地看待挫折，要相信自身战胜挫折的过程就是成功的过程，要随时做好迎接挫折、战胜挫折的准备并具有信心，同时也要认识到挫折的两面性，挫折不仅会使人们出现负面情绪，还可以提高个体的心理承受力，使人从中吸取教训，从逆境中重新奋起；此外，要发挥家庭在大学生心理成长过程中的重要作用，父母是孩子的第一任教师，也将是孩子终身的老师，父母更应该尊重孩子自己的选择，不能将自己的愿望强行作为孩子的人生目标，平时生活中要注重锻炼孩子的独立能力，同时要不断地提高自身的品质，不断学习新知识，为培养孩子向上的人格做铺垫。

2. 提高大学生素质水平

现阶段大学生素质矛盾性突出，当前的社会思潮、价值追求呈现多元化趋势，大学生信仰也表现为边缘化和多样化并存的状态。高校应提高思政教师的知识水平，充分利用思政课程的优势，将共产主义理想传递到大学生的生活中，还可以充分利用网络环境，深化对大学生思想政治教育。还要培养大学生的民族精神与时代精神，一方面要传承中华优秀传统文化，培养大学生的爱国主义情怀，使之内化于心；另一方面要不断深化民族精神与时代精神，使内化于心的社会主义核心价值观外化于行。同时，高校要加强培养大学生正确的世界观、人生观及价值观，要让大学生客观理性地看待所处的环境和条件，确定适合自己的目标，坚持正确的价值取向，以此来寻求精神世界的丰富，而非一味追求物质上的满足，从而避免理想与现实的冲突。也要呼吁全社会来关注和注重大学生自身价值观的树立，以此来营造一个积极、正面、健康的大环境，以正确的价值导向从侧面帮助大学生塑造良好的价值观，增强他们的勇气和自信心，以积极乐观的态度面对生活。社会实践也是一种教育，对大学生认识社会、认识自我具有积极作用，让大学生投身社会实践是培育其高素质水平的有效途径。

3. 提高大学生就业能力

大学生通过高等教育来获得知识、技能和社会资本及其他能力，以提高自身的就业能力。大学生作为每年就业群体的主力军，其就业能力的培养与高校和社会有着密不可分的关系。因此尽快建立并完善大学生就业能力培养体系是重中之重。国家应通过大数据建立科学的标准，助力高校修订大学生就业能力培养方案；社会应健全制度措施，通过政策激励企业主动参与高校大学生能力培养；要为大学生创业提供更多的便利条件，在政策、资金方面加大支持，降低创业门槛等。高校应着力于大学生就业能力培养体系的建立，根据社会需求的变化调整培养方案，加强大学生的动手实践能力；加强学校的师资力量，加强校企合作平台的建设，加大学校实验环境和实验设备的经费投入，增设应用与技术性的实践课程，开展多样化的实践活动，与社会需求对接。高校应设立定期的就业与职业生涯规划、人际交往指导等教育培训课程，通过定期的指导培训，让大学生对就业有一个充分和清晰的认知，帮助他们制定适合自己的方向和目标，缓解他们对就业的担心及迷茫。此外，高校也应组织定期的面试模拟和招聘模拟，让大学生熟悉和了解招聘的流程和技巧，以此来缓解大学生在面试过程中的紧张情绪并降低出错率，同时也可以增加他们的自信心并提高临场反应能力，让他们在就业过程中能够脱颖而出，从而减少危机行为的产生。

4.5.2　基于家庭方面的建议

大学阶段是青少年走向社会的重要转折期，其间非常容易产生一系列的心理问题。从婴儿到儿童、青年时期的过程中，父母与孩子的关系影响着大学生的身心健康，是大学生重要的社会关系。大学生生理上已经成熟，心理上也开始独立，对事物有自己的思考和判断，对自我有清晰的认识，开始尝试脱离家庭的约束，父母对他们产生的直接影响越来越小，但父母对孩子的支持也间接影响到大学生的心理健康。大学生逐渐变得更加独立，此时，父母更加需要尊重他们的个性选择，鼓励他们做出自我的判断。过分的溺爱和控制只会引发大学生的抵触情绪，限制大学生的发展。父母应支持引导大学生学会如何面对学习和生活中的问题，提供一个安全的环境，鼓励大学生勇敢地去尝试，而不是回避和忽视。同时，父母的支持也在一定程度上提升了大学生的自我价值感，使他们获得了自信。

第5章　篇章小结

　　本篇第 3 章首先通过文献分析法、聚类分析、问卷调查法及访谈法获得了大学生危机行为影响因素的一般集合；其次采用扎根理论的方法探究中国社会文化背景下大学生危机行为产生的影响因素的初始集合，通过分析构建了当代大学生危机行为产生的影响因素集合；最后基于 Fuzzy-DEMATEL 模型分析影响因素之间的联动关系。第 4 章基于系统动力学仿真构建大学生危机行为防控策略集合。从仿真结果得出，大学生危机行为产生的直接和间接原因有：大学生心理承受力差；大学生素质水平受到一些社会风气的影响；就业问题导致他们做出不理智的行为；亲人的不支持造成大学生危机行为的产生。针对大学生危机行为提出有效的防控对策，在个体因素方面，提出注重大学生心理健康的培养，提高大学生素质水平，提高大学生就业能力；在家庭因素方面，父母对孩子的支持是影响大学生危机行为的最重要因素，也是最大限度减少危机行为产生的有效策略。

第二篇　企业员工不安全行为篇

第6章 员工不安全行为相关概述

6.1 研究背景及意义

6.1.1 研究背景

目前，我国已经进入经济高质量发展的时代，科学技术的不断进步和社会的飞速发展，特别是企业的发展在全球市场中占有重要地位，为我国经济和国内生产总值的提升贡献了巨大的力量。企业的发展是提升我国经济，促进劳动市场发展、增加就业机会的重要力量，截至2021年末，全国企业的数量达到4842万户，增长1.7倍，其中99%以上都是中小企业。第四次经济普查数据显示，中小企业的从业人数占全部企业从业人数的比例达到80%。2021年我国私营个体就业总数达到4亿人，较2012年增加了2亿多人。我国促进中小企业发展的政策体系、服务体系不断完善，发展环境不断优化，中小企业呈现又快又好的发展态势，成为我国经济社会发展的主力军。企业发展是支撑我国国民经济的中坚力量，是民生保障的基础，是全面建成小康社会的关键，是构建社会主义和谐社会的重要力量。企业的发展对我国经济、民生、社会的发展起着至关重要的作用。

企业的快速发展固然重要，但企业的持续稳定发展也不可忽视，必须清楚地认识企业在发展中存在的弊端——企业安全生产事故时有发生。企业安全生产问题对我国经济的持续健康发展产生了巨大的负面作用，严重威胁到人民的生命财产安全，以及企业和社会的和谐稳定发展。党中央和政府部门一直以来都高度重视企业的安全生产问题，习近平总书记对切实做好安全生产方面的工作给予了重要指示，要求企业高度重视安全生产监管工作，努力遏制重特大安全生产事故的发生[1]。但是由于生产过程自身的复杂性、流动性及危险性等，企业安全生产问题成为我国经济发展的绊脚石。

根据事故致因理论，事故可由物的不安全状态和人的不安全行为引发。《国民经济和社会发展统计公报》统计，2017年全年各类生产安全事故共导致37 852人死亡；2018年全年各类生产安全事故共导致34 046人死亡；2019年全年各类生产

---

① 习近平：坚决遏制重特大安全生产事故发生. [2015-08-16]. https://www.rmzxb.com.cn/sy/jrtt/2015/08/16/555050.shtml.

安全事故共导致 29 519 人死亡，和往年相比，全国安全生产事故的死亡人数有所下降，但仍旧可以看出我国的安全生产形势十分严峻，预防安全生产事故的发生还有很大的努力空间，2010～2019 年安全事故的死亡人数如图 6.1 所示。

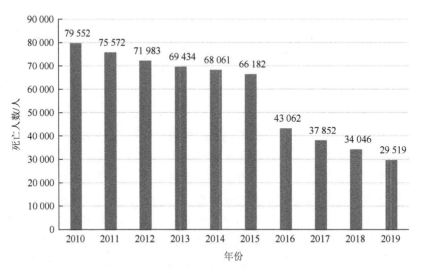

图 6.1　2010～2019 年全国安全生产事故的死亡人数

习近平总书记在十九大报告[①]中曾提出："树立安全发展理念，弘扬生命至上、安全第一的思想，健全公共安全体系，完善安全生产责任制，坚决遏制重特大安全事故，提升防灾减灾救灾能力。"安全生产可以有效地减少生产事故的发生，对减少企业安全生产事故的发生起到重要作用。目前，企业安全生产问题受到国家和社会的普遍关注，安全生产是关系民生、社会稳定发展的基本保障，是促使全面建成小康社会、促进经济繁荣昌盛的重要内容，与企业生存发展、持续改进壮大的基本要求相一致。因此，必须将企业的安全生产问题放在与涉及国家安全、社会稳定发展同等重要的地位上。尤其是伴随着我国可持续发展战略的实施、科学技术的飞速进步及网络媒体的迅猛发展，人们对安全生产的重要性有了更为深刻的感触，从国家发展战略和民生保障的角度来看，应该继续加大企业安全生产的管理力度。安全生产是企业长期发展的前提，是人民生命安全的基础，是社会稳定前进的保障。搞好安全生产工作，切实做好安全防护工作，保证企业稳定安全地长期发展，从而建造一个安全稳定的社会环境是目前亟须解决的问题。

---

① 习近平. 决胜全面建成小康社会 夺取新时代中国特色社会主义伟大胜利——在中国共产党第十九次全国人民代表大会上的报告. [2017-10-27]. http://www.moe.gov.cn/xw/ztzl/2018/srgcxxsjd/sjdtj/201710_227572.shtml.

　　生产企业安全事故不断发生，究其根源，一方面主要是企业对安全生产的监管力度不足，另一方面是生产企业员工对安全生产问题没有产生足够的认知，存在省时省力的侥幸心理，部分企业员工文化程度较低、安全素质差，不利于企业的安全生产。企业对安全生产的认识不够，过分追求经济效益而忽视安全生产问题，不利于企业形成良好的安全生产文化氛围，对企业生产员工安全行为的监管力度薄弱，制定的安全生产标准过低，不利于防控企业员工的不安全行为。总的来说，造成生产企业安全生产事故的原因错综复杂，而且这些事故的发生严重制约了企业的稳定发展，要改善企业安全生产现状并解决现存问题，就要结合上述原因，对引发企业不安全行为的主要因素进行全面、系统、深入的分析。

　　美国安全工程师海因里希通过对 55 万起事故的整理分析发现，88%的事故都由人的不安全行为引起；美国杜邦公司对其公司以往的安全事故的统计结果表明，96%的事故可以归因为人的各种不安全行为；美国安全理事会通过对事故发生的背后原因进行调查统计发现，不安全行为造成了 90%的安全事故的发生；日本厚生劳动省统计结果显示，94%的安全事故与不安全行为的产生有关联；我国的学者经过研究也表明，85%的安全事故与人的不安全行为息息相关。这些数据表明，生产企业安全事故发生的主要原因是员工的不安全行为，而想要从根本上遏制安全生产事故的发生，必须要从安全事故的源头——行为人来管控。因此，本章从行为人的危机行为出发，探究生产企业员工产生不安全行为的影响因素。但是，影响员工不安全行为产生的因素复杂且多种多样，且影响因素之间的逻辑关系密切相关，因此，若能理清生产员工不安全行为影响因素之间的联动关系及影响因素对不安全行为的作用规律，将会对企业员工不安全行为的防控产生重大影响。

6.1.2　研究意义

　　通过对当前安全生产现状和员工不安全行为的研究现状进行分析，本书采用文献分析法等方法来构建企业员工不安全行为指标体系，并对指标体系内的各因素进行分析来确定它们之间的因果关系，同时研究确定员工不安全行为的产生机理，运用系统动力学仿真来分析系统内各因素对不安全行为的影响，根据分析结果，提出防控员工不安全行为的对策。具体来讲，研究意义如下。

　　（1）从理论角度看，在文献归纳整理的过程中发现，剖析员工不安全行为的影响因素、影响因素之间的相互作用关系及员工不安全行为的影响路径问题，为企业安全生产的防控提供了一个绝佳视角。员工不安全行为的影响因素是多方面的，因此对员工不安全行为的影响因素进行分析，进而确定各因素的因果关系，这为深入研究员工不安全行为的产生路径提供了研究基础，同时为企业的创新管理理论提供借鉴，提升企业的安全生产管制能力，为企业安全生产研究框架的构成与演化提供参考，从而为今后进一步深入研究企业安全生产的相关问题提供方向，具有重要的理论指导意义。

（2）从现实角度看，企业的安全生产对降低生产事故的发生率及推动我国经济的高质量增长具有至关重要的作用。企业已经成为社会经济的重要组成部分，是全面建成小康社会、促进高质量经济发展的基石。安全生产是确保国家安全和社会稳定发展的重要前提，是企业生存和稳定发展的根本要求。特别是在强调可持续发展的中国，人们对安全生产的重要性有了更深刻的理解。因此，要从国家发展水平和自身安全两方面来考虑安全生产问题，为防止企业安全事故的发生，有必要弄清发生安全事故的根本原因。本章分析影响员工不安全行为的因素，从文化、社会和管理等方面，运用文献分析法和模型分析法，总结和分析员工不安全行为的影响因素，探讨员工不安全行为的机理。针对影响员工不安全行为的因素，提出预防和控制员工不安全行为的建议，对减少安全事故和促进我国经济快速、稳定地发展具有理论和实践意义。

6.2　员工不安全行为的研究现状

6.2.1　员工不安全行为的界定

到目前为止，关于员工不安全行为的概念并没有统一的说法，要确定本书中企业员工不安全行为包含的范围，首先需要明确企业生产行为的概念。其定义可以从三个不同的角度来确定：一是指企业中内部员工的行为，泛指企业中全部员工的行为，包括领导和企业中各种群体的行为，属于多种行为学的内容，如个体行为学和群体行为学等；二是指企业的销售行为、经营管理行为及对企业进行监管控制的政府部门行为等一系列和企业有联系的行为；三是指企业作为社会单位的公共关系的行为及企业在其他条件的影响下产生的整体行为，还包括企业作为法人产生的行为。员工安全行为和不安全行为都是企业内部员工的行为，所以属于上面所述的第一种企业行为。

传统意义上的安全行为一般是指企业员工的安全生产行为，有些学者认为安全行为指的是安全遵守行为，即企业生产员工按照操作规范要求生产，并具有识别生产过程中的安全隐患、危险的能力，针对事故采取有效措施，避免自身和他人受到伤害的行为。还有学者认为员工不安全行为是指因为企业员工在生理、心理、社会和精神等方面存在很大的难控性，所以导致了事故的发生。有的教材上称，员工不安全行为是指企业员工的一些危险行为，并且这些危险行为会产生不良后果，其中这些危险行为是指不遵守劳动纪律、操作不按照规范动作、不按规系统动力学的认知模型来分析工人不安全行为的产生原因,通过分析工人认知过程的因果循环发现,工人的安全态度和安全认知水平的提升可以有效减少不安全行为的产生。Xu 等(2018)基于计划行为理论对 228 名建筑工人进行问卷调查,结果发现工人的安全态度很大程度上决定了员工的不安全行为。韩豫等(2015)通过对不安全行为案例的研究发现,员工的个人行为动机是导致建筑工人习惯性不安全行为产生的最关键的因素。Nouri 等(2008)通过对伊朗天然气处理公司工人的安全行为进行调查分析发现,不安全行为是工业事故发生的主要原因,其中,工作经验会对不安全行为产生重大影响。Azadeh 和 Mohammad(2009)对钢铁制造公司工人的不安全行为进行抽样分析,分析结果表明,个人防护设备的不当使用在不安全行为中占比最大,此外,工人的工作经历和受教育程度也是影响工人不安全行为的主要因素。Aulin 等(2019)通过对工人日常工作的调查分析,发现在建筑行业中影响不安全行为的因素包括工作压力、工作能力、生活水平等,影响不安全行为产生的显著因素包括个人认知水平不足、工作目标不明确、个人防护设备的错误穿戴等。

也有一些学者从组织层面分析了影响不安全行为产生的因素。Qiao 等(2018)通过数据挖掘对 35 364 个不安全行为数据进行分析,发现安全培训是影响员工不安全行为产生的主要因素。祁神军等(2018)基于数据调查,使用 SPSS 和 AMOS工具进行拟合建模,发现安全激励对建筑工人的不安全行为具有一定的干预作用。Li 等(2015)通过对安全态度和煤矿员工不安全行为的调查,发现管理层的领导风格对煤矿员工不安全行为具有非常重要的影响,而且完善安全激励模式可以营造良好的安全氛围,从而可以提高煤矿生产安全水平。成家磊等(2017)通过问卷收集数据,并采用结构方程模型、决策试验和评价实验室方法,发现组织氛围通过安全态度来影响不安全行为。Khosravi 等(2013)通过结构方程模型从安全管理角度探讨了影响建筑工人不安全行为的因素,结果发现安全氛围和工作场所安全状况对不安全行为的产生有着重要影响。Misawa 等(2006)通过对铁路事故报告的内容分析发现,组织管理和安全准则规范会影响不安全行为的发生频率。Asilian-Mahabadi 等(2018)采用鱼骨图的方法对建筑一线工人不安全行为的调研资料进行整理分析,结果表明安全管理和组织文化是导致一线工人不安全行为产生的最重要的前提因素。Nævestad 等(2019)通过对船员不安全行为进行调研,发现不同国家组织的安全文化都对船员的不安全行为有不同程度的影响。叶新凤等(2014)基于社会认知理论和心理资本理论,运用逐步回归方法对 309 份煤矿企业的有效问卷进行实证研究后发现,安全氛围通过心理资本对安全行为产生影响。Papadopoulos 等(2010)通过研究发现,工作环境对工伤事故的发生有很大的影响,工作环境会影响工人的工作压力,从而给工人的身心健康造成影响,而这些因素都可能导致职业事故的发生。王家坤等(2018)运用结构方程模型构建二阶验证性因子分析模型与因果关系路径分析模型，分析煤矿员工的个体特征、工作满意度对煤矿员工不安全行为的影响，发现煤矿安全管理制度中的不科学或不明确部分也显著影响煤矿员工的行为选择。佟瑞鹏等（2016）基于可拓集与熵权论，建立石化行业人员不安全行为影响因素的物元可拓模型，分析得出教育培训、安全制度及监督检查对化工从业人员的不安全行为影响显著。何回钻（2019）针对道路施工企业一线员工常见的不安全行为，应用 ANP 模型进行分析并发现领导监督因素对道路施工企业员工不安全行为的影响最大。Ajslev 等（2017）经过研究得出，良好的企业安全文化和安全氛围是企业内部能够实行安全管理工作的关键因素。Santos 等（2013）通过研究发现，工作环境对企业生产员工的不安全行为具有重要影响，良好的环境有助于促进企业生产员工的交流和提升防范意识。Fernández-Muñiz 等（2017）认为，员工的安全行为受安全领导和工作条件的影响。Kines 等（2013）对企业安全生产管理进行研究，得出企业生产环境对优化企业安全管理系统起到重要作用。朱艳娜等（2017）通过对煤矿事故的案例分析，确定了事故发生的原因及工人不安全行为与工作倦怠、环境、周围监管者等相关。杨洁（2016）通过仿真研究相关因素对不安全行为的影响程度，引入结构方程模型和主成分分析，分析得出工作环境中的安全氛围对安全行为的促进作用最为明显。徐瑞等（2019）通过层次分析法建立了煤矿企业员工不安全行为影响因素的权重分类模型，结果表明，影响煤矿员工不安全行为的重要因素分别是自身因素、组织管理和工作环境。Xu 和 Shi（2019）利用解释结构模型分析企业员工安全行为的影响因素，从根本因素、关键因素和直接因素出发，分企业和政府两个视角提出了预防和控制企业不安全行为的对策。

也有部分学者从多角度分析了不安全行为的产生因素。王倩（2017）通过解释结构模型探究了中小企业安全生产行为的影响路径，发现影响安全生产行为的最根本因素包括政府监管、员工文化程度、安全培训等。李华（2019）基于 ANP 和 DEMATEL 方法从安全文化、组织因素、环境因素、人际关系、信任程度和安全交流几个维度分析建筑工人在群体活动中的不安全行为。宣越（2019）基于行为安全 2-4 模型对人的不安全行为进行分析，从组织行为和个人行为方面确定了六个关键因子，并提出人的不安全行为是由多个因素共同作用的结果。事故致因 2-4 模型（图 6.2）是由中国矿业大学（北京）安全管理研究中心历时 10 年研究提出的事故致因理论模型，认为事故至少发生在社会组织内部，其原因分为内部原因和外部原因，内部原因分布在组织和个人两个层次上，组织原因分为安全文化和安全管理体系，个人原因分为习惯性行为、一次性行为和物态。从该模型组织内部的角度出发，能很好地解释不安全行为产生的原因。

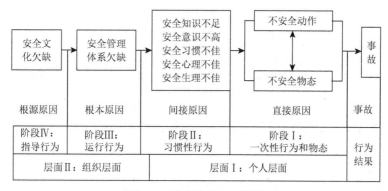

图 6.2　事故致因 2-4 模型

6.2.3　不安全行为防控策略的研究评述

为了有效管理并且防止员工不安全行为的发生，各学者提出了不同的干预、管理对策，多数学者从不安全行为的影响因素角度出发提出对策。

从个人因素来看，田水承等（2016）通过研究矿工不安全情绪的持续时间，提出了合理地控制矿工的收入水平、建立健全合理的矿工不安全情绪测量表、对安全规章应设立反馈调节机制的干预对策。王家坤等（2018）基于工作满意度视角，发现从福利待遇、组织安全管理、绩效考核三个维度衡量的工作满意度对煤矿员工的不安全行为具有显著的抑制作用，并提出建立适当的绩效考核体系和匹配矿工的需求层次等对策建议。田水承等（2016）通过对煤矿员工不良情绪影响因素进行分析，提出了提升煤矿员工个人素质、改善煤矿员工工作环境、加强沟通、改善煤矿组织管理、稳定家庭因素等干预措施。居婕等（2013）针对建筑工人不安全行为的个人影响因素，提出了合理开展安全培训、加强现场行为管理、加强安全心理干预、完善用工制度等措施。

从组织因素来看，佟瑞鹏等（2016）针对石化行业人员的不安全行为，提出从调控管理的视角统领组织因素建设，将易出现安全隐患的生产设备操作细节纳入安全教育范围，同时融入各项安全制度内容，强调监督检查的重要性。叶贵等（2019）旨在预防和控制建筑工人的不安全行为，基于群体角度的观点，提出了一些对策和建议，如激励奖励和惩罚措施，简化行为态度测量量表，促进标准化和可视化等建议。薛韦一和刘泽功（2014）针对煤矿员工不安全行为，提出煤矿企业应杜绝不公正的违章处罚、改善不合理的制度措施、提升组织安全态度、合理安排生产任务、完善组织管理、将安全与效益并重、合理安排劳动生产等建议。Li 等（2013）从监督管理角度强调，加强对煤矿的监测和控制，可以更有效地控制不安全行为。Shi 和 Chang（2022）指出建立全面科学的电厂工人不安全行为评价指标体系是监控和评价工人不安全状态的基础和重要途径。

从作业环境因素来看，田水承和张德桃（2019）通过研究高温联合噪声对煤矿员工不安全行为的影响，提出应该选择安全行为能力水平较高的煤矿员工来从事生产环境较差的工作，这样就有利于降低环境因素对煤矿员工安全行为的影响。兰国辉等（2017）根据矿井环境对煤矿员工不安全行为的影响，提出优化作业环境是规避煤矿员工不安全行为的根本推动力。马杰（2017）通过研究水运工程系统的特点，分析人的不安全行为产生的原因，提出在施工作业时应提前对作业区域进行合理布局，应充分考虑设备间的安全距离、不同作业区域隔离措施、人员安全通道等建议。

从领导因素来看，马琳和吕永卫（2020）通过研究有感领导对不同文化程度的煤矿员工不安全行为的影响，提出对于低文化煤矿员工群体，煤矿管理者应更加重视安全审查制度的建立，以身作则，树立良好的安全模范形象，并鼓励煤矿员工之间交流安全经验及心得，积极引导煤矿员工营造良好的群体安全氛围，进而有效减少煤矿员工不安全行为。李乃文等（2019）通过研究领导非权变惩罚对煤矿员工不安全行为的影响，发现有效干预领导非权变惩罚、负性情绪和心智游移可以降低不安全行为的发生频率，减少人因失误。汪刘菲等（2016）基于潜在变量路径分析（path analysis with latent variables，PA-LV）方法，研究领导方式对煤矿员工不安全行为的影响，建议应避免领导者仅在煤矿员工发生违反要求的行为之后才进行管理与纠正。

也有研究表明，影响不安全行为产生的因素具有多源性的特征，以往的研究表明，当单一因素影响不安全行为时，往往会受到其他因素的影响，从而导致不同的结果（Li et al.，2018）。所以在确定防控策略时应综合考虑各个影响因素，消除不安全行为传播过程中的动态演化、多源性、非线性和不确定性带来的复杂性。石娟等（2022）从组织、个人、外在环境、设备4个方面建立建筑工人不安全行为预警指标体系，并基于反向传播神经网络原理构建网络预警模型，从而预测建筑工人的不安全行为状态，提前采取相应的防控措施。

还有一些学者为企业员工的不安全行为提出了规则式、概念式的管理对策。刘宇等（2020）针对列车驾驶员的不安全行为，建议企业可采取着重加强安全氛围建设、提高领导的重视程度、加大安全投入的方法，并辅以完善的监督管理机制及不安全行为上报体系进行组合干预。傅贵等（2017）基于24Model提出了集安全检查、事故调查、安全培训于一体的制造业企业安全管理模式架构。郭淑兴和王媛媛（2015）提出为了提高企业安全人员的安全意识、降低事故发生率，必须不断完善企业各项规章制度的建设，加强安全管理并强化安全隐患排查治理。丁冬（2015）提出可视化管理方法，将制度、标准、正常和异常状态等管理要求逐一标明并汇编成册，通过培训和操演使员工熟练掌握。张超等（2014）提出企业应建立一个良好的安全文化，重视安全教育和宣传，加强员工的安全意识。石娟等（2021）指出企业安全生产是城市公共安全治理的重要一环，为此需要顶层设计事前预防管理、事中应急管理、事后风险管理的政策制度，健全和完善数据治理机制，优化传统风险治理模式。

上述研究针对员工不安全行为的某一方面影响因素提出管理防控对策，未形成完整的防控体系，且规则式、理念式管理对策的可操作性、有效性及针对性无法验证。基于此，本书欲从抑制不安全行为产生的角度出发，着重补充以下研究内容：提出具有针对性的防控员工不安全行为发生的对策，以期更有效地防控生产员工的不安全行为。

第 7 章　员工不安全行为影响因素的分析

7.1　员工不安全行为指标体系的构建

7.1.1　Fuzzy-DEMATEL 方法的构建

基于 DEMATEL 方法的不足，本章尝试引入三角模糊数对初始直接影响矩阵进行处理，以期解决 DEMATEL 方法中的专家判断模糊问题，降低专家打分过程中的主观性，提高 DEMATEL 方法的精确性。

利用三角模糊数的特点，将专家对影响因素的评判信息更科学地转化为明确、清晰的分数，并通过 CFCS 法进行去模糊化处理，得到因素相互关系之间的权重情况。本章综合以上对 DEMATEL 方法和三角模糊数的介绍，提出 Fuzzy-DEMATEL 模型。

（1）构建评价指标，确定影响因素。采用文献综述、案例分析等方法，找出可能影响员工不安全行为的相关因素，结合专家意见和相关信息的采集，将影响因素归类整理，形成企业员工的不安全行为指标体系。

（2）设立专家小组，评估因素关系，使用三角模糊数法获得初始数据。邀请专家对因素之间的相互影响关系进行评估，建立"没有影响""很弱影响""弱影响""强影响""很强影响"五个度量标准，分别用"0""1""2""3""4"分值表示。通过语义转换表（表 3.1）将专家评估结果转化为三角模糊数，然后采用 CFCS 法对其进行去模糊化处理，得到明确的数值。由此得到因素之间相互影响程度的初始值。

（3）构建因素影响矩阵，使用 DEMATEL 方法分析各因素之间的影响关系，绘制因果关系图。将之前得出的初始值构建成直接影响矩阵 B，根据 DEMATEL 方法的相关定义，通过矩阵运算，得到标准化后的直接影响矩阵 X，进一步得到综合影响矩阵 T。通过综合影响矩阵 T，计算影响度 D 和被影响度 R，得到中心度 $D+R$ 和原因度 $D-R$，进而得到原因组和结果组，从而绘制因果关系图。

（4）对结果进行分析，得出员工不安全行为各影响因素之间的联动关系。

7.1.2　构建企业员工不安全行为指标体系

本节通过对以往不安全行为的研究文献进行文本分析，结合安全生产事故背后的产生原因，寻找不安全行为产生的影响因素。为了使指标体系构建得科学规范，遵循系统性原则、典型性原则、简明科学性原则，通过德尔菲法从员工个体、企业、政府、社会 4 个层面分析不安全行为的影响因素，并构建员工不安全行为指标体系。员工不安全行为指标体系中的一级指标包括员工个体层面、企业层面、政府层面和社会层面。其中，员工个体层面包括心理素质、身体素质、安全意识、安全态度、安全技能、人际关系、文化水平、工作压力、工作经验、工作目标 10 个二级因素；企业层面包括安全培训、奖惩机制、安全准则规范、安全监督反馈、领导承诺、安全文化、安全配备、作业环境 8 个二级因素；政府层面包括政府监督、政策法规 2 个二级因素；社会层面包括群众监督、媒体监督 2 个二级因素。结合各因素对员工不安全行为的影响，对员工不安全行为指标体系中的各个影响因素进行描述和分析，见表 7.1。

表 7.1　员工不安全行为指标体系

一级指标	二级指标	指标描述
员工个体层面	心理素质	员工个人的性格、心理适应能力、心理认知等的综合体现，它对内会影响员工个人的心理健康，对外会影响员工个人的行为表现
	身体素质	良好的身体素质可以有效帮助人体产生抵抗疲劳的能力和随机应变能力
	安全意识	安全意识即员工自己建立起来的对安全生产的观念，在生产活动中对可能造成安全生产事故的因素产生的戒备和警惕的心理状态
	安全态度	员工对安全生产的态度
	安全技能	员工掌握的能够进行安全生产的技术和能力
	人际关系	员工和员工之间相互交往的心理距离，人际关系的亲疏可以直接反映在相应的行为上
	文化水平	接受文化教育的程度
	工作压力	包括因工作强度过大、工作轮换等工作原因产生的压力
	工作经验	从事相关工作获得的经验，对工作内容等有一定的认识和了解
	工作目标	通过从事工作想要达到的标准和期望
企业层面	安全培训	新员工在工作开始之前通过一系列专业的培训使员工能达到安全生产的效果
	奖惩机制	奖励制度与惩戒制度的合称，通过员工的表现和绩效从物质或精神上对员工进行激励

一级指标	二级指标	指标描述
	安全准则规范	企业为实现安全生产规定的标准,用来使安全生产过程标准化、规范化
	安全监督反馈	对现场员工宣传安全教育、监督指导安全生产、对存在的安全隐患等提出整改措施,并做好安全评价工作
	领导承诺	包括对安全管理条例制定和实施的承诺,生产过程的安全承诺及其他承诺
企业层面	安全文化	通过制定员工共同认可的安全行为规范,在企业内部形成安全、和谐、协调的安全文化氛围,是企业在经营过程中正常从事安全生产的保证
	安全配备	企业为保障员工在生产过程中的人身安全配备的安全防护设施
	作业环境	员工的工作环境,包括温度、湿度、照明采光、噪声等
政府层面	政府监督	国家政府机关对所管辖部门或企业的事务进行的对应事项全过程的监督管理
	政策法规	指国家制定的和行业相关的规范、条例规章等
社会层面	群众监督	人民群众对企业或政府相关工作的监督
	媒体监督	电视、广播、报纸等大众媒体对各种违法犯罪行为进行的评论、报道等

7.2　员工不安全行为影响因素的因果关系分析

7.2.1　员工不安全行为一级指标分析

根据提出的 Fuzzy-DEMATEL 模型的步骤,本节建立了由五位专家组成的专家小组,为探寻员工不安全行为四个层面之中各个影响因素的联动关系及四个层面之间各个影响因素的因果关系,从而准确、科学地分析员工不安全行为影响因素之间的因果关系及产生机理。本节以语义转换表为评价依据,对指标体系中各个影响因素之间的关系进行打分,将五位专家评价得到的原始评分表通过三角模糊数转化,整理成新的初始数据。通过公式对原始数据依次进行标准化处理,最终得到五位专家的综合量化数据,并进一步将处理后的数据构建为不安全行为影响因素的直接影响矩阵。结合表 7.1 中构建的员工不安全行为指标体系,对两级指标的影响因素分别进行分析,表 7.2 为一级指标的综合评价得分。

表 7.2　一级指标的综合评价得分

指标	员工个体层面（F1）	企业层面（F2）	政府层面（F3）	社会层面（F4）
员工个体层面（F1）	0.25	1.1	0.5	0.75
企业层面（F2）	1.0333	0.25	1.0333	0.75
政府层面（F3）	0.75	1.025	0.25	1
社会层面（F4）	0.75	1.025	1.0833	0.25

将表 7.2 中一级指标的综合评价得分按照各指标的前后顺序转化成矩阵并构建直接影响矩阵 B：

$$B = \begin{bmatrix} 0.25 & 1.1 & 0.5 & 0.75 \\ 1.0333 & 0.25 & 1.0333 & 0.75 \\ 0.75 & 1.025 & 0.25 & 1 \\ 0.75 & 1.025 & 1.0833 & 0.25 \end{bmatrix}$$

将得到的直接影响矩阵 B 进行归一化处理，将直接影响矩阵 B 中的各行元素依次求和，在所有求和数中取出最大值 3.1083，再将直接影响矩阵 B 中的各个元素除以最大值 3.1083，通过计算得到标准化后的直接影响矩阵 X：

$$X = \begin{bmatrix} 0.0804 & 0.3539 & 0.1609 & 0.2413 \\ 0.3324 & 0.0804 & 0.3324 & 0.2413 \\ 0.2413 & 0.3298 & 0.0804 & 0.3217 \\ 0.2413 & 0.3298 & 0.3485 & 0.0804 \end{bmatrix}$$

进一步通过式（3.3）计算得到一级指标的综合影响矩阵 T：

$$T = \begin{bmatrix} 4.0261 & 4.8973 & 4.1924 & 4.0705 \\ 4.7931 & 5.3468 & 4.8890 & 4.6334 \\ 4.7271 & 5.5416 & 4.6939 & 4.6865 \\ 4.8292 & 5.6613 & 5.0113 & 4.5933 \end{bmatrix}$$

根据综合影响矩阵 T，最终得到一级指标各要素的影响度、被影响度、中心度与原因度，如表 7.3 所示。

表 7.3　一级指标各要素的影响度、被影响度、中心度与原因度

指标	影响度 D	被影响度 R	中心度 $D+R$	原因度 $D-R$
员工个体层面（F1）	17.1863	18.3755	35.5618	−1.1892
企业层面（F2）	19.6623	21.447	41.1093	−1.7847
政府层面（F3）	19.6491	18.7866	38.4357	0.8625
社会层面（F4）	20.0951	17.9837	38.0788	2.1114

基于上述计算结果，绘制因果关系图，并对员工个体层面（F1）、企业层面（F2）、政府层面（F3）、社会层面（F4）四个一级指标进行关联性分析。如图 7.1 所示，横轴表示中心度，纵轴表示原因度，横轴轴线表示原因度为零，横轴以上为原因组因素的分布情况，横轴以下为结果组因素的分布情况。采用贝塞尔线对各个指标坐标点进行因果关系连接，从图 7.1 中可以清晰地看出各指标之间的联动关系。结合各指标之间的影响度和被影响度的权重，发现员工个体层面、企业层面、政府层面、社会层面四个一级指标有强关系连接。从系统整体要素看，政府层面指标和社会层面指标是员工个体层面指标和企业层面指标产生的原因，而相比之下，对企业层面指标影响更大，员工个体层面指标比企业层面指标更直接地影响不安全行为的产生。

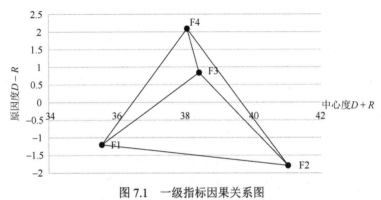

图 7.1　一级指标因果关系图

7.2.2　企业员工不安全行为二级指标分析

采用同样的方法对企业员工不安全行为指标体系中的二级指标的心理素质（F11）、身体素质（F12）、安全意识（F13）、安全态度（F14）、安全技能（F15）、人际关系（F16）、文化水平（F17）、工作压力（F18）、工作经验（F19）、工作目标（F10）、安全培训（F21）、奖惩机制（F22）、安全准则规范（F23）、安全监督反馈（F24）、领导承诺（F25）、安全文化（F26）、安全配备（F27）、作业环境（F28）、政府监督（F31）、政策法规（F32）、群众监督（F41）、媒体监督（F42）22 个因素进行分析，结果如表 7.4 所示。

表 7.4　企业员工不安全行为二级指标综合影响矩阵

指标	F11	F12	F13	F14	F15	F16	F17	F18	F19	F10	F21
F11	0.1412	0.1368	0.2418	0.2443	0.2271	0.1734	0.0832	0.2149	0.1627	0.1862	0.2083
F12	0.1841	0.1133	0.2856	0.2789	0.3077	0.2267	0.0750	0.2441	0.1744	0.2572	0.2378
F13	0.1837	0.1183	0.2072	0.2834	0.2667	0.1718	0.0677	0.2040	0.1480	0.1895	0.2657

指标	F11	F12	F13	F14	F15	F16	F17	F18	F19	F10	F21
F14	0.2120	0.1390	0.3233	0.2650	0.3295	0.2504	0.0877	0.3107	0.1783	0.2453	0.2940
F15	0.2340	0.1791	0.3242	0.3296	0.2511	0.2274	0.0803	0.3088	0.1846	0.2815	0.2943
F16	0.2160	0.1259	0.2445	0.2660	0.2393	0.1489	0.0646	0.2227	0.1723	0.2079	0.2113
F17	0.2564	0.1688	0.2804	0.2697	0.2745	0.2156	0.0700	0.2824	0.2193	0.2481	0.2843
F18	0.2244	0.1534	0.2946	0.3076	0.2712	0.2270	0.0627	0.2008	0.1538	0.2270	0.2385
F19	0.2911	0.1665	0.3353	0.3418	0.3416	0.2813	0.1018	0.2982	0.1699	0.2973	0.3473
F10	0.2105	0.1573	0.2980	0.3027	0.2927	0.2185	0.0837	0.2844	0.1707	0.2006	0.2908
F21	0.2755	0.1836	0.3363	0.3401	0.3423	0.2669	0.1183	0.3187	0.2316	0.2824	0.2720
F22	0.2053	0.1278	0.2662	0.2912	0.2707	0.1912	0.0657	0.2642	0.1512	0.2005	0.2602
F23	0.1943	0.1164	0.2881	0.2812	0.2487	0.1912	0.0622	0.2595	0.1513	0.2137	0.2541
F24	0.1973	0.1598	0.2799	0.3032	0.2941	0.2233	0.0841	0.2539	0.1698	0.2735	0.3060
F25	0.2023	0.1390	0.2761	0.2694	0.2816	0.2247	0.0700	0.2515	0.1429	0.2358	0.3088
F26	0.2324	0.1669	0.3498	0.3445	0.3220	0.2513	0.1115	0.2885	0.2210	0.3033	0.3186
F27	0.2381	0.1558	0.2957	0.3034	0.2840	0.2008	0.0993	0.2449	0.1725	0.2553	0.2938
F28	0.2474	0.1854	0.3176	0.3001	0.3121	0.2539	0.0819	0.2788	0.1768	0.2692	0.3064
F31	0.2312	0.1466	0.3655	0.3478	0.3464	0.2221	0.0824	0.3198	0.1861	0.2914	0.3372
F32	0.2082	0.1399	0.3338	0.3255	0.3104	0.2154	0.0926	0.2971	0.1737	0.2740	0.2864
F41	0.2660	0.1594	0.4100	0.4128	0.3623	0.2471	0.0909	0.3280	0.1978	0.2917	0.3644
F42	0.2329	0.1479	0.3789	0.3826	0.3440	0.2265	0.0803	0.3227	0.1728	0.2855	0.3252

指标	F22	F23	F24	F25	F26	F27	F28	F31	F32	F41	F42
F11	0.1600	0.1724	0.1602	0.1687	0.2038	0.1886	0.1401	0.0489	0.0406	0.0508	0.0488
F12	0.1810	0.2046	0.1980	0.1947	0.2430	0.2224	0.1615	0.0638	0.0695	0.0655	0.0631
F13	0.1673	0.1916	0.1989	0.1932	0.2328	0.2198	0.1805	0.0576	0.0520	0.0764	0.0610
F14	0.2392	0.2275	0.2773	0.2243	0.3220	0.2281	0.1729	0.0923	0.0633	0.0923	0.0899
F15	0.2358	0.2450	0.2671	0.2065	0.2868	0.2443	0.1836	0.0677	0.0563	0.0703	0.0675
F16	0.1753	0.1685	0.1962	0.1790	0.2333	0.1587	0.1242	0.0681	0.0451	0.0787	0.0770
F17	0.2371	0.2279	0.2418	0.2104	0.2857	0.2321	0.1871	0.0828	0.0744	0.0728	0.0750
F18	0.2031	0.1962	0.2247	0.2200	0.2479	0.2116	0.1437	0.0682	0.0528	0.0671	0.0646
F19	0.2944	0.2519	0.2824	0.2631	0.3162	0.2723	0.1975	0.0758	0.0619	0.0830	0.0806
F10	0.2509	0.2466	0.2446	0.2226	0.2668	0.2201	0.1642	0.0862	0.0589	0.0726	0.0702
F21	0.2594	0.2521	0.2730	0.2442	0.3262	0.2872	0.2225	0.1003	0.0885	0.1016	0.1009
F22	0.1697	0.2218	0.2095	0.2255	0.2650	0.2016	0.1551	0.0657	0.0507	0.0793	0.0792
F23	0.2245	0.1705	0.2096	0.2167	0.2743	0.2126	0.1857	0.0700	0.0731	0.0725	0.0661
F24	0.2062	0.2592	0.1974	0.2116	0.2560	0.2069	0.1909	0.0913	0.0844	0.0953	0.0934
F25	0.2087	0.2118	0.2511	0.1716	0.2564	0.2327	0.1601	0.0871	0.0635	0.0882	0.0878
F26	0.3277	0.2521	0.2620	0.2671	0.2617	0.2516	0.2179	0.1016	0.0844	0.1141	0.1120

指标	F22	F23	F24	F25	F26	F27	F28	F31	F32	F41	F42
F27	0.2307	0.2585	0.2436	0.2280	0.2829	0.1909	0.2150	0.0764	0.0618	0.0778	0.0756
F28	0.2351	0.2566	0.2698	0.2250	0.2706	0.2562	0.1605	0.0984	0.0942	0.0909	0.0904
F31	0.2740	0.2876	0.2644	0.2469	0.3096	0.2697	0.2377	0.0826	0.1024	0.1249	0.1223
F32	0.2694	0.2823	0.2477	0.2537	0.2772	0.2524	0.2095	0.1078	0.0626	0.1067	0.1043
F41	0.2834	0.2891	0.3212	0.3004	0.3326	0.3003	0.2506	0.1725	0.1274	0.0940	0.1451
F42	0.2803	0.2845	0.3033	0.2860	0.3249	0.2822	0.2009	0.1512	0.1323	0.1288	0.0847

表 7.4 中可以看出企业员工不安全行为二级指标之间的影响权重值，为了进一步分析各影响因素在系统中的位置和作用，在综合影响矩阵的基础上，计算各个影响因素的影响度 D、被影响度 R、中心度 $D+R$ 和原因度 $D-R$，并进行分析，如表 7.5 所示。

表 7.5　不安全行为二级指标各要素的影响度、被影响度、中心度与原因度

指标	D	R	$D+R$	$D-R$
安全培训（F21）	5.2234	6.3055	11.5289	−1.0821
安全态度（F14）	4.6645	6.7909	11.4554	−2.1264
安全文化（F26）	5.1622	6.0758	11.2380	−0.9136
安全技能（F15）	4.6257	6.5201	11.1458	−1.8944
安全意识（F13）	3.7371	6.7327	10.4698	−2.9956
工作压力（F18）	4.0608	5.9989	10.0597	−1.9381
工作目标（F10）	4.4138	5.5169	9.9307	−1.1031
安全监督反馈（F24）	4.4375	5.3437	9.7812	−0.9062
安全配备（F27）	4.4849	5.1422	9.6271	−0.6573
安全准则规范（F23）	4.0364	5.1584	9.1948	−1.1220
领导承诺（F25）	4.2210	4.9591	9.1801	−0.7381
奖惩机制（F22）	4.0173	5.1132	9.1305	−1.0959
工作经验（F19）	5.1510	3.8815	9.0325	1.2695
作业环境（F28）	4.7776	4.0616	8.8392	0.7160
人际关系（F16）	3.6235	4.8553	8.4788	−1.2318
心理素质（F11）	3.4029	4.8842	8.2871	−1.4813
群众监督（F41）	5.7467	1.9037	7.6504	3.8430
身体素质（F12）	4.0519	3.2869	7.3388	0.7650
媒体监督（F42）	5.3584	1.8594	7.2178	3.4990
政府监督（F31）	5.1985	1.9165	7.1150	3.2820
政策法规（F32）	4.8306	1.6001	6.4307	3.2305
文化水平（F17）	4.4967	1.8158	6.3125	2.6809

将各影响因素按中心度降序排列，如表 7.5 所示，安全培训（F21）是中心度最大的因素，这说明安全培训和其他因素的关联性最大；文化水平（F17）是中心度最小的因素，说明文化水平和其他因素的关联性最小。为了方便分析各因素在整体系统的因果关系和中心性，绘制企业员工不安全行为影响因素的中心度和原因度的笛卡儿直角坐标，如图 7.2 所示。

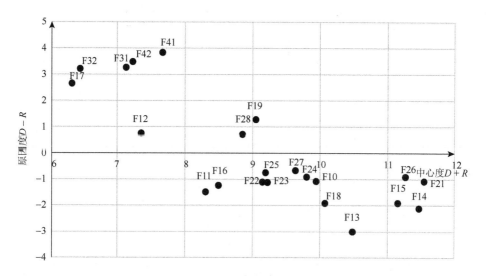

图 7.2　企业员工不安全行为影响因素的中心度和原因度的笛卡儿直角坐标

从原因度来看，原因度 $D–R$ 小于零的有 14 项，为结果组因素，按原因度的分值大小依次为安全意识（F13）、安全态度（F14）、工作压力（F18）、安全技能（F15）、心理素质（F11）、人际关系（F16）、安全准则规范（F23）、工作目标（F10）、奖惩机制（F22）、安全培训（F21）、安全文化（F26）、安全监督反馈（F24）、领导承诺（F25）、安全配备（F27），其中安全意识（F13）在结果组因素中的负值最大，说明安全意识受其他因素的影响最大；原因度 $D–R$ 大于零的有 8 项，为原因组因素，按原因度的分值大小依次为群众监督（F41）、媒体监督（F42）、政府监督（F31）、政策法规（F32）、文化水平（F17）、工作经验（F19）、身体素质（F12）、作业环境（F28），其中群众监督（F41）在原因组因素中的正值最大，说明群众监督影响其他因素的程度最高。从中心度来看，文化水平（F17）、政府监督（F31）、政策法规（F32）、群众监督（F41）、媒体监督（F42）、身体素质（F12）相比于其他因素，处在系统的边缘位置；安全培训（F21）、安全文化（F26）、安全态度（F14）、安全技能（F15）则处在系统的中心位置。

为了准确地分析各因素在系统中的相互作用关系，根据表 7.5 的计算结果，

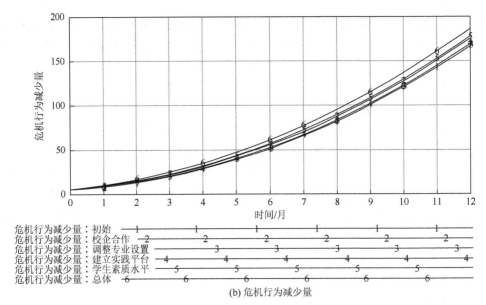

危机行为减少量：初始 ———1———
危机行为减少量：校企合作 ———2———
危机行为减少量：调整专业设置 ———3———
危机行为减少量：建立实践平台 ———4———
危机行为减少量：学生素质水平 ———5———
危机行为减少量：总体 ———6———

(b) 危机行为减少量

图 4.10　就业能力水平仿真图

由仿真结果可以看出，提高就业能力水平对减少大学生危机行为的作用还是比较明显的，大学生危机行为水平有所下降。在就业能力水平的众多影响因素中，学生素质水平对就业能力水平的影响程度最深，其次是校企合作及建立实践平台。这说明大学生优良的素质水平是社会就业必备的基本能力，也是大多数用人单位招聘大学生最看重的一点。此外，校企合作的开展也能够使学校适应就业市场的需求，有针对性地培养企业需要的人才，结合市场的变化，更注重大学生实践能力的培养，既解决了大学生就业问题，也解决了企业用工荒的问题，是一种双赢的模式。在职业工作中，最重要的就是要具有敬业精神，有成就感、责任心，以圆满完成工作来衡量自己，而不是以报酬和升迁来衡量自己。大学生就业要具备较高的思想道德素质、良好的业务素质、高水平的文化素质及良好的心理素质。思想道德素质是一个人是否能够进行团队协作、有无事业心和责任心的基本表现，业务素质是工作过程中个人综合能力的体现，文化素质是一个人的文化素养，是一个人的内在品质、外在修养，心理素质是一个人面对挫折、适应竞争环境的承受能力。因此，大学生就业能力水平的提高不仅仅是自身动手实践能力的提升，也是自身内在素质的培养，只有使内在与外在齐头并进的措施，才是减少就业问题导致的危机行为的正确措施。

（6）素质水平是指一个人在社会生活中思想和行为的具体表现，是人在品性、学识、才能、身心等方面的基本素养和品格。我国作为一个拥有五千年优秀文化历史的文明古国，造就了中华民族独有的优秀品质，影响着一代又一代人。提高大学生的素质水平有助于其增强心理承受力，对自己有正确的认识和评价，对自身行为进行有效管控，有助于正确辨析事物的好坏，从而进行有效的自我控制。

因此，加强大学生素质教育已经成为必然趋势，学校、家庭及社会应该采取相应的措施提高大学生的综合素质。在大学生危机行为防控系统模型中，将大学生素质水平影响因素的强度分别提高至原来的两倍，观察大学生危机行为水平及大学生素质水平的变化趋势，仿真结果如图 4.11 所示。

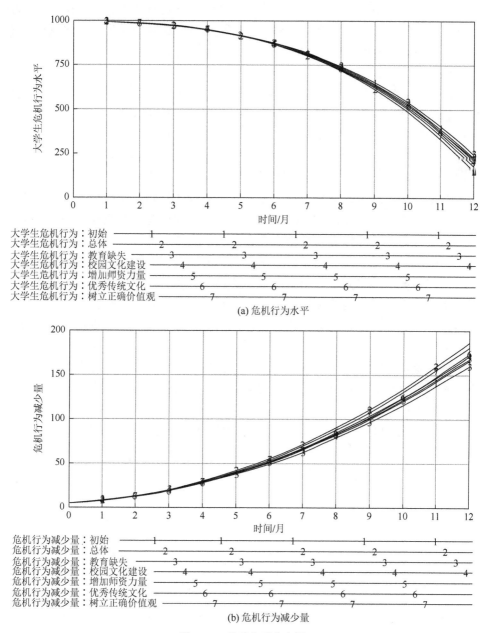

图 4.11　素质水平仿真图

定的方法完成作业等。所以，员工不安全行为不仅包括那些在过去引起过事故的企业员工的行为，还包括在未来可能会引起事故的企业员工的行为。

关于员工不安全行为定性理论的研究最早是在外国资本主义工厂开始的，最初针对企业生产员工的不安全行为的研究对象主要包括工厂里的生产员工、操作工。1919 年，英国的格林伍德和伍兹运用泊松分布、非均等分布和偏倚分布等方法，对许多工厂的伤亡人数等进行统计分析和检验，研究发现，工厂中一些特定的工人群体更容易发生事故。随后，不安全行为的研究扩展到各个行业，其定义范围也越来越广。学者根据研究目的和用途，使用不同的方法对企业员工的不安全行为进行分类。例如，在我国的分类标准中，将员工不安全行为详细地分成 13 类，而在美国的一些企业中将员工不安全行为分为 5 类。有的学者认为员工不安全行为可以分为有意的和无意的，即有意的不安全行为和无意的不安全行为。有意的不安全行为是指冒险行为，这些行为具体包括酒后上岗、提前离岗、在岗期间不遵守劳动规程等，主要是指故意的违章行为和明知故犯的行为。无意的不安全行为是指企业员工无意识造成安全事故和可能造成安全事故的行为，这种行为的表现形式主要有四种：①企业员工对信息的感知及处理不及时或信息传达错误而导致安全事故的发生，如工作中出现异常情况而没有及时发现；②企业员工的视力、听力较差及色盲等相关生理机能存在缺陷；③疲劳作业造成意识低下，从而不能顺利完成工作；④没有经历岗前培训、从业时间短、工作经验不足、工作技能与知识的欠缺等造成反应失误和判断失误。

直接或间接导致安全生产事故的行为统称为企业员工的不安全行为。直接导致事故的行为包括不遵守安全操作规定和违反规定进行操作；间接导致事故的行为包括管理者没有履行职责，没有认真履行安全监督任务。相反，企业从业人员的安全行为是指企业从业人员执行安全生产规范，遵守安全生产规章制度和操作规程，并积极参加与安全生产水平有关的活动的行为，即企业员工直接或间接避免并遏制安全事故发生的行为就是企业员工的安全行为。因此，本书对员工安全行为的定义为：在生产过程中，企业职工遵守安全生产操作规程，积极参加提高安全生产水平的活动的行为，以及企业职工直接或间接避免发生不安全事故的行为。本书对不安全行为的定义为：在生产过程中，企业员工违章操作、不参与提升安全水平的活动的行为。本书研究的不安全行为专门指不遵守劳动纪律和安全生产操作规范，违反规定进行操作，具有危险和有害的行为及有目的、明知故犯的违章行为和其他一切不利于提高企业安全生产水平的行为。

6.2.2　不安全行为产生原因及影响因素的研究评述

通过整理相关研究成果可知，影响不安全行为产生的因素多种多样。一些学者认为员工发生不安全行为和个人层面因素有很大联系。梁振东和刘海滨（2013）通过建立结构方程模型，发现自我效能感、工作满意度和安全知识对不安全行为意图和不安全行为有显著影响。满慎刚等（2017）通过建立结构方程模型及实证研究对煤矿员工的不安全行为进行分析，从中发现煤矿员工对不安全行为意识的合理化是发生不安全行为的关键。何刚等（2013）从个体因素、群体因素、自然环境等五大方面量化分析比较，得出个体因素对煤矿员工不安全行为的影响程度最大。李磊（2016）使用网络层次分析方法建立了员工不安全行为影响因素指标体系的网络结构模型，并使用 MATLAB 软件计算了权重，分析表明，单个因素的权重比外部因素的权重略高，单个因素的应急处理能力的权重高于其他指标。Akyuz（2017）结合网络分析法和其他方法对海上事故风险进行了评估，确定了风险认知是不安全行为的主要影响因素。杨佳丽等（2016）根据不安全行为意向影响因素框架、模型边界与假设及系统动力学反馈原理，构建了煤矿员工不安全行为意向与其影响因素间的因果关系回路图，该回路中包含的行为态度、主观规范和知觉行为控制三个子系统并不是互相独立的，而是相互关联、相互作用的，共同决定不安全行为意向水平。居婕等（2013）从寻找控制建筑工人不安全行为的方法出发，借助决策试验和评价实验室方法得出了个人因素是影响工人不安全行为的主要因素的结论，并指出环境因素和管理因素通过影响个人因素进一步影响工人的安全行为。田水承等（2018）构建了结构方程模型，通过对数据的分析与处理发现，心理因素、性格因素、心理素质、注意力和工作态度会显著影响不安全行为的发生。Morrow 等（2010）通过对铁路行业工人的心理安全氛围与安全行为之间关系的研究，得出了工作紧张感与安全行为显著相关的结论。叶贵等（2019）以建筑工人为研究对象，构建了四阶段认知理论模型后，得出了这样的结论：建筑工人认知的更新频率越快，不安全行为发生的概率越低；过于依赖风险感知经验更容易导致不安全行为的发生。姜兰等（2019）构建了机场安检员工作压力与不安全行为关系的假设模型，然后运用结构方程模型检验并修订了该模型，结果表明机场安检员的工作压力、人际关系和职业发展在很大程度上影响不安全行为的产生。Stratman 等（2019）在社会认知理论框架下探讨了心理资本、犬儒主义、工作场所和不安全行为的关系，结果表明心理资本对不安全行为的产生具有重要影响。李乃文和秋敏（2010）通过构建系统动力学结构方程模型，发现员工的作业环境水平、安全认知水平和安全能力水平均对员工违章行为的影响较大。仇国芳和鱼馨水（2019）提出工人安全认知程度不高是安全事故频发的重要原因。阴东玲等（2015）基于人因分析和分类系统（human factors analysis and classification system，HFACS）方法，发现个人准备状态差是发生作业人员不安全行为的最直接原因，发生操作人员不安全行为的主要原因是操作计划不当、监督不充分和资源管理不充分。Kim 和 Cameron（2011）利用绘制企业员工不安全行为影响因素的影响度和被影响度的笛卡儿直角坐标，如图 7.3 所示。

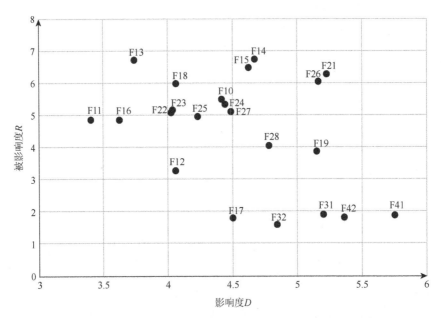

图 7.3　企业员工不安全行为影响因素的影响度和被影响度的笛卡儿直角坐标

从图 7.3 中可以直观地看出，在 22 个影响因素当中，安全意识（F13）、安全态度（F14）、安全培训（F21）、安全文化（F26）、安全技能（F15）和其他因素的关联性较大，且被影响度较高，说明在系统中处于中心位置，属于核心要素；心理素质（F11）、工作压力（F18）、人际关系（F16）、奖惩机制（F22）、安全准则规范（F23）、领导承诺（F25）、工作目标（F10）、安全监督反馈（F24）、安全配备（F27）的被影响值趋近相同，说明这 9 个因素在系统中处于同一层级；身体素质（F12）、作业环境（F28）、工作经验（F19）三个因素受其他因素的影响相对较小；群众监督（F41）、媒体监督（F42）、政府监督（F31）、政策法规（F32）、文化水平（F17）的被影响度最低，说明这几个因素在系统中对其他因素的影响很大，但自身受其他因素的影响很小，在系统中的变化量相对较小。

对影响度和被影响度的强弱进行分析，在系统的安全意识（F13）、安全态度（F14）、安全培训（F21）、安全文化（F26）、安全技能（F15）五个核心要素中，安全培训（F21）的影响度位居第一，这说明安全培训（F21）对其他因素的影响程度很大；相比于其他四个要素，安全意识（F13）的影响度较小，而被影响度较高，这说明安全意识在很大程度上受其他因素的影响程度大。

7.2.3 企业员工不安全行为影响因素层级

前面建立了企业员工不安全行为指标体系，并通过专家评价和 Fuzzy-DEMATEL 方法计算出了综合评价指标分数，以便于分析各个影响因素之间的因果关系。这为进一步探究企业员工不安全行为影响因素的层级关系、预防企业员工不安全行为的产生提供了思路。

对于一级不安全行为指标的四个影响因素，从图 7.1 中可以发现，员工个体层面和企业层面指标相比于政府层面和社会层面指标，会更加直接地影响不安全行为的产生，但是政府层面指标和社会层面指标是员工个体层面指标和企业层面指标产生的原因，而且企业层面的指标可以有效影响员工个体层面的指标，并进一步影响不安全行为的产生。所以从企业员工不安全行为方面的角度考虑，员工个体层面和企业层面指标是影响企业员工不安全行为产生的主要因素，而政府层面和社会层面指标是影响企业员工不安全行为产生的次要因素。

关于二级不安全行为指标的 22 个影响因素，根据图 7.2 及 7.2.2 节的分析结果可以知道，原因度 $D–R$ 大于零也就是原因组的因素包括群众监督（F41）、媒体监督（F42）、政府监督（F31）、政策法规（F32）、文化水平（F17）、工作经验（F19）、身体素质（F12）、作业环境（F28）共 8 个因素；原因度 $D–R$ 小于零的结果组的因素包括安全意识（F13）、安全态度（F14）、工作压力（F18）、安全技能（F15）、心理素质（F11）、人际关系（F16）、安全准则规范（F23）、工作目标（F10）、奖惩机制（F22）、安全培训（F21）、安全文化（F26）、安全监督反馈（F24）、领导承诺（F25）、安全配备（F27）共 14 个因素。从前面的方法概述中可以知道，结果组中的影响因素是原因组中影响因素的影响结果，由此可知这些影响因素在系统中相互之间的关联性，即原因组中的 8 个二级不安全行为指标影响因素影响了结果组中的 14 个二级不安全行为指标影响因素。

由 7.2.2 节知道，22 个因素对企业员工不安全行为的产生具有一定的影响，但是各个影响因素对员工不安全行为的影响情况、影响程度还需要进一步分析。

我们已经知道，安全意识（F13）、安全态度（F14）、安全培训（F21）、安全文化（F26）、安全技能（F15）这五个影响因素在系统中处于中心位置，属于核心要素；心理素质（F11）、工作压力（F18）、人际关系（F16）、奖惩机制（F22）、安全准则规范（F23）、领导承诺（F25）、工作目标（F10）、安全监督反馈（F24）、安全配备（F27）这九个影响因素在系统中处于同一个层级；身体素质（F12）、作业环境（F28）、工作经验（F19）这三个影响因素处于一个层级；群众监督（F41）、媒体监督（F42）、政府监督（F31）、政策法规（F32）、文化水平（F17）这五个要素位于一个层级（图 7.4）。

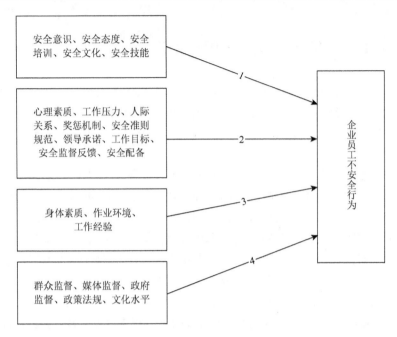

图 7.4　企业员工不安全行为影响因素层级

第8章 基于系统动力学仿真的员工不安全行为防控策略

8.1 员工不安全行为系统动力学模型的构建

8.1.1 系统动力学框图

确定系统的研究框架有利于直观地表现出员工不安全行为与各层面影响因素之间的联系，本章运用 Fuzzy-DEMATEL 方法准确、科学地分析出员工不安全行为影响因素之间的因果关系及导致企业员工不安全行为发生的直接影响因素。研究发现，员工个体层面、企业层面、政府层面、社会层面四个指标之间有着强关系连接，员工个体层面影响因素与企业层面影响因素可直接影响员工不安全行为的发生；企业层面影响因素也可通过员工个体层面影响因素对员工不安全行为产生影响；社会层面影响因素可以通过企业层面影响因素与员工个体层面影响因素而间接影响员工不安全行为的发生；政府层面影响因素通过引导员工个体层面与企业层面影响因素的发生而间接影响员工不安全行为的发生。员工不安全行为框架如图 8.1 所示。

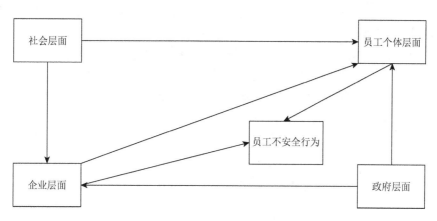

图 8.1 员工不安全行为框架

8.1.2 系统边界的界定

系统动力学指出，系统中的内在因素对系统行为起着关键性作用，因此一个模型能否构建成功往往在于能否正确划定合理的系统边界。系统边界的划定是为了将系统与外在环境分隔开，是一个粗略的轮廓，将系统内的部分归入模型中，系统外的部分不深刻考虑。边界内所有与研究的动态问题有重要关联的概念或变量都归入模型中。这样的边界是封闭的，系统的反馈回路将形成闭合的回路。换言之，一个系统的动态行为模式是由系统界限内各部分的相互作用决定的。

明确边界的前提是明确建模的目的，面向问题，从确定研究的问题出发，而不是盲目地建立一个庞大的涵盖所有问题的系统模型。本章主要研究系统内各因素对员工不安全行为的影响，并以此提出有效的对策建议。

（1）安全监督子系统。安全监督是企业安全生产的重要环节。如果企业没有较完善的安全监督反馈机制，则会造成企业管理的疏漏、设备的缺陷及人为的失误，这些都会增加员工的不安全行为。因此要建立完善的安全监督机制，及时发现和消除隐患，及时纠正和查出违章，从而降低员工不安全行为发生的频率，实现本质安全。其干预策略包括政府监督、媒体监督、群众监督。

（2）奖惩机制子系统。企业员工因各自出身、教育、成长环境的不同，树立的个人理想、在工作层面的追求也是有差异的。如果企业安全奖惩机制没有得到很好的实施，很难要求员工在面对安全机制时能自觉遵守。所以，企业可以通过内部与外部的联合监督来保证奖惩机制的实际落实，以此减少员工不安全行为的发生。其干预策略包括政策法规、群众监督、媒体监督。

（3）安全培训子系统。安全培训是安全生产中的一项重要基础性工作，包括普及安全知识、推广安全生产技术、提高员工安全素质和操作技能。因此加强员工的安全培训工作会增强员工的安全意识，从而减少员工的不安全行为。其干预策略包括领导承诺、安全配备、健全安全准则规范。

（4）安全意识子系统。在生产或施工作业中，安全意识是决定员工安全行为的主导方面。员工的安全意识会使他们对自己所处的工作环境及工作方式中存在的安全隐患有一定的认识，也会对安全隐患有一定的防范措施。因此员工安全意识的增强可以消除生产中执行指令的盲目性、盲从性，能够排除事故隐患，减少员工的不安全行为。其干预策略包括制定工作目标、加强安全培训、减小工作压力、提高心理素质。

（5）安全文化子系统。安全文化的建设是员工安全生产的保障，企业的安全文化包括领导的带头作用、企业的制度规定、企业安全设备配置及企业的软性文化。对企业的员工来说，如果缺乏必要的安全文化，不仅员工的安全得不到保证，员工的积极性和企业凝聚力也会降低。因此企业安全文化的建设会减少员工的不安全行为。其干预策略包括领导承诺、安全监督、安全准则规范、安全配备。

（6）安全态度子系统。企业员工时有发生不安全行为也与员工的安全态度不高有关。安全态度不高的员工在生产过程中并没有将安全第一放在首位，从而员工的违规行为时有发生,最终使员工发生不安全行为。因此企业可以端正员工的安全态度,增强员工对风险的感知,从而降低不安全行为发生的频率。其干预策略包括设立工作目标、建立良好的人际关系和提高安全意识。

（7）心理素质子系统。人的行为取决于人的心理,在员工不安全行为的背后起支配作用的往往是员工较差的心理素质。心理素质较好的员工在面对突发事件时会有较强的心理承受能力,会降低不安全行为发生的频率。而心理素质较差的员工在面对突发事件时会产生焦虑紧张的情绪,容易提高不安全行为发生的频率。其干预策略包括增加工作经验、改善作业环境。

8.1.3　因果关系模型的建立

　　系统动力学模型的逻辑架构是通过因果回路图表示的,可以描述系统内各因素之间的反馈关系。能够在定性描述系统内部因果关系的同时,从系统内部结构来寻找问题发生的根源。由于系统内的因素或多或少都存在着某种关系,当某种因素增加或者减少时,必然会对其他因素产生正向或反向的影响。因此,在因果回路图中,描述的反馈环数量越多,系统就越复杂,涉及的变量组合就越多。

　　根据第 7 章对员工不安全行为影响因素的分析,得到各因素之间的因果关系,依据系统动力学的因果反馈原理,通过 Vensim 软件构建员工不安全行为的因果关系回路图,如图 8.2 所示。

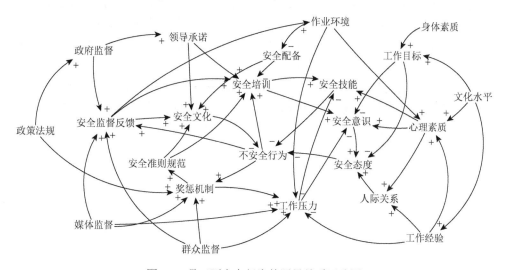

图 8.2　员工不安全行为的因果关系回路图

通过图 8.2 中对员工不安全行为因果关系回路图的分析,可以看到系统各影响因素之间相互作用下的系统内部结构，依照图 8.2 中反映的因果关系，可以发现系统包括以下反馈回路。

Loop1：不安全行为↑→安全监督反馈↑→安全文化↑→不安全行为↓。

该反馈回路为负反馈关系，员工不安全行为的发生使政府和社会加大了对企业的安全监督，在一定程度上使企业更加注重自身安全文化的建设，减少员工不安全行为的发生。

Loop2：不安全行为↑→安全培训↑→安全技能↑→不安全行为↓。

该反馈回路为负反馈关系，企业定期开展安全培训，为那些安全技能不高的员工提供学习的机会，从而控制安全技能掌握不到位而导致的员工不安全行为。

Loop3：不安全行为↑→安全监督反馈↑→安全培训↑→安全技能↑→不安全行为↓。

该反馈回路为负反馈关系，政府和社会不断加大对企业安全生产监督的力度，督促企业开展安全培训，提高员工的安全技能，降低员工在工作过程中失误的概率，以此来减少员工不安全行为发生的次数。

Loop4：不安全行为↑→安全培训↑→安全意识↑→安全态度↑→不安全行为↓。

该反馈回路为负反馈关系，企业通过加强日常对员工的安全培训，来提高员工的安全意识，进而端正员工的安全态度，最终减少员工不安全行为的发生。

Loop5：不安全行为↑→奖惩机制↑→工作压力↑→安全技能↓→不安全行为↑。

该反馈回路为负反馈关系，员工不安全行为的发生使企业更加严格地执行奖惩机制，而工作效率与质量和员工的自身利益密切相关，严格的奖惩机制会增加员工的工作压力，使他们的安全技能下降，最终使员工不安全行为的发生频率上升。

Loop6：不安全行为↑→奖惩机制↑→安全准则规范↑→安全文化↑→不安全行为↓。

该反馈回路为负反馈关系，企业通过日益完善安全奖惩机制，使企业的安全准则趋于规范，更加重视自身安全文化的建设，减少员工不安全行为的发生。

Loop7：不安全行为↑→奖惩机制↑→工作压力↑→安全意识↓→安全态度↓→不安全行为↑。

该反馈回路为正反馈关系，员工不安全行为的发生促使企业设立奖惩机制，对员工自身的利益产生直接影响，使员工的工作处于制度压力内，工作压力的增加使员工的安全意识逐渐淡薄，工作态度越来越差，从而增加了员工不安全行为的发生。

Loop8：不安全行为↑→奖惩机制↑→安全准则规范↑→安全培训↑→安全技能↑→不安全行为↓。

该反馈回路为负反馈关系，企业通过完善安全奖惩制度和制定安全准则，在日常工作中不断开展安全培训会议，规范了员工在工作中的行为，减少了员工不安全行为的发生。

Loop9：不安全行为↑→安全监督反馈↑→作业环境↑→安全配备↓→安全文化↓→不安全行为↑。

该反馈回路为正反馈关系，通过政府和社会对企业的安全监督来促使企业改善员工的作业环境，但会使企业内部的安全配备有所降低，安全文化的建设有所减少，导致员工不安全行为的发生频率升高。

Loop10：不安全行为↑→安全监督反馈↑→安全培训↑→安全意识↑→安全态度↑→不安全行为↓。

该反馈回路为负反馈关系，通过政府和社会对企业的监督，有利于督促企业开展更多的安全培训，以此来提高员工的安全意识，培养员工的安全态度，使员工对安全生产的态度更加端正，减少不安全行为的发生。

Loop11：不安全行为↑→安全监督反馈↑→作业环境↑→心理素质↑→安全技能↑→不安全行为↓。

该反馈回路为负反馈关系，经济的发展使员工对工作环境的要求越来越高，政府和社会也更加关注企业员工的作业环境，使企业不断改善员工的工作环境。良好的工作环境可以减少烦躁、难忍等消极情绪的出现，改善员工心理，提高员工的安全技能，减少技能问题引起的不安全行为。

Loop12：不安全行为↑→安全监督反馈↑→作业环境↑→工作压力↓→安全技能↑→不安全行为↓。

该反馈回路为正反馈关系，社会各部门对企业的安全监督有利于促进企业改善员工的作业环境，员工的工作压力也相应地减少，操作更加规范，失误与危险操作不断减少，安全技能得到提高，减少技能问题引起的不安全行为。

Loop13：不安全行为↑→安全监督反馈↑→作业环境↑→心理素质↑→人际关系↑→安全态度↑→不安全行为↓。

该反馈回路为负反馈关系，员工不安全行为的发生使政府和社会加大了对企业员工作业环境的监督，使企业改善员工的作业环境，员工需求得到满足，心理素质提高，与他人的关系也更加和谐，态度更加向上，减少员工不安全行为的发生。

Loop14：不安全行为↑→安全监督反馈↑→作业环境↑→安全配备↓→安全培训↑→安全技能↑→不安全行为↓。

该反馈回路为正反馈关系，企业受外在政府和社会监督的影响，不断改善员工的工作环境，但安全设施配备有所减少，增加了员工的安全培训，员工对工作技能的掌握更全面，从而减少员工不安全行为的发生。

Loop15：不安全行为↑→安全监督反馈↑→作业环境↑→工作压力↓→安全意识↑→安全态度↑→不安全行为↓。

该反馈回路是正反馈关系，通过对企业的安全监督，那些作业环境不好的企业会改善员工的工作环境，员工的工作压力也会相应地减少，让他们更加注重提高安全意识和安全态度，减少不安全行为的发生。

Loop16：不安全行为↑→安全监督反馈↑→作业环境↑→心理素质↑→安全意识↑→安全态度↑→不安全行为↓。

该反馈回路为负反馈关系，不安全行为的发生增加了政府和社会对企业安全生产的关注，促使企业开始改善员工的工作环境，在一定程度上增加了员工对安全行为的重视，意识和态度方面有所提高，员工不安全行为不断减少。

Loop17：不安全行为↑→奖惩机制↑→安全准则规范↑→安全培训↑→安全意识↑→安全态度↑→不安全行为↓。

该反馈回路为负反馈关系，员工不安全行为的发生促使企业设立奖惩机制，不断完善安全准则，从而使企业增强了对员工的安全培训，增强员工的安全意识，提高员工的安全态度，减少员工的不安全行为。

Loop18：不安全行为↑→安全监督反馈↑→作业环境↑→安全配备↓→安全培训↑→安全意识↑→安全态度↑→不安全行为↓。

该反馈回路为正反馈关系，员工不安全行为的发生使政府和社会加大了对企业的安全监督，使企业改善员工的作业环境，降低安全配备，增加员工的安全培训，增强员工的安全意识，提高员工的安全态度，减少员工不安全行为的发生。

8.1.4　构建模型变量集

下面根据系统动力学的研究方法，确定员工不安全行为防控系统中各变量的类型，包括水平变量、速率变量、辅助变量和常量。根据因果反馈回路中员工不安全行为的因果关系，量化处理员工不安全行为的关键指标要素。

（1）水平变量表示系统内流的积累量，任何时刻的水平变量值都是系统由初始时刻开始到当前时刻物质流动或信息流动的积累量，水平变量参数如表 8.1 所示。

表 8.1　水平变量参数

变量代码	变量名称	变量含义
L1	安全文化水平	无量纲，表示企业安全文化水平指标，该指标分值越大说明企业安全文化建设越健全
L2	安全技能水平	无量纲，表示员工安全技能水平指标，该指标分值越大说明员工安全技能掌握越成熟
L3	安全态度水平	无量纲，表示员工安全态度水平指标，该指标分值越大说明员工对待工作的安全态度越认真

（2）速率变量是表示水平变量变化速率的变量，即单位时间内的流量，速率变量参数如表 8.2 所示。

表 8.2　速率变量参数

变量代码	变量名称	变量含义
R1	安全文化水平变化量	单位时间内企业安全文化水平的变化量
R2	安全技能水平变化量	单位时间内员工安全技能水平的变化量
R3	安全态度水平变化量	单位时间内员工安全态度水平的变化量

（3）辅助变量设置在水平变量和速率变量之间，是系统的信息量，当速率变量表达复杂时，可使用辅助变量简化模型表达，用辅助变量描述其中一部分，辅助变量参数如表 8.3 所示。

表 8.3　辅助变量参数

变量代码	变量名称	变量含义
Stage	企业员工不安全行为水平	无量纲，表示单位时间内企业员工不安全行为水平的变化量
S11	心理素质变化量	无量纲，表示单位时间内员工心理素质水平的变化量
S13	安全意识变化量	无量纲，表示单位时间内员工安全意识水平的变化量
S14	人际关系变化量	无量纲，表示单位时间内员工人际关系水平的变化量
S16	工作压力变化量	无量纲，表示单位时间内员工工作压力程度的变化量
S17	工作经验变化量	无量纲，表示单位时间内员工工作经验水平的变化量
S18	工作目标变化量	无量纲，表示单位时间内员工工作目标水平的变化量
S21	安全培训变化量	无量纲，表示单位时间内企业安全培训水平的变化量
S22	奖惩机制变化量	无量纲，表示单位时间内企业奖惩机制水平的变化量
S23	安全准则规范变化量	无量纲，表示单位时间内企业安全准则规范水平的变化量
S24	安全监督反馈变化量	无量纲，表示单位时间内企业安全监督反馈水平的变化量
S25	领导承诺变化量	无量纲，表示单位时间内企业领导承诺水平的变化量
S26	安全配备变化量	无量纲，表示单位时间内企业安全配备水平的变化量
S27	作业环境变化量	无量纲，表示单位时间内企业作业环境水平的变化量
S31	政府监督程度变化量	无量纲，表示单位时间内政府监督程度的变化量

（4）常量表示在系统仿真过程中不随时间变化的量，常量参数如表 8.4 所示。

表 8.4　常量参数

变量代码	变量名称	变量含义
Input1	个人层面安全投入	单位时间内员工个人层面安全总投入值
Input2	企业层面安全投入	单位时间内企业层面安全总投入值
S12	身体素质	无量纲，表示单位时间内员工身体素质水平值
S15	文化水平	无量纲，表示单位时间内员工文化水平值
S32	政策法规	无量纲，表示单位时间内政策法规水平值
S41	群众监督	无量纲，表示单位时间内群众监督水平值
S42	媒体监督	无量纲，表示单位时间内媒体监督水平值
ST1	安全文化水平贡献率	安全文化水平对生产员工不安全行为的贡献率（ST1 + ST2 + ST3 = 1）
SL23-1	安全准则规范对安全文化的影响程度	取值为 0～1（SL23-1 + SL24-1 + SL25-1 + SL26-1 = 1）
SL24-1	安全监督反馈对安全文化的影响程度	取值为 0～1（SL23-1 + SL24-1 + SL25-1 + SL26-1 = 1）
SL25-1	领导承诺对安全文化的影响程度	取值为 0～1（SL23-1 + SL24-1 + SL25-1 + SL26-1 = 1）
SL26-1	安全配备对安全文化的影响程度	取值为 0～1（SL23-1 + SL24-1 + SL25-1 + SL26-1 = 1）
ST2	安全技能水平贡献率	安全技能水平对生产员工不安全行为的贡献率（ST1 + ST2 + ST3 = 1）
SL21-2	安全培训对员工技能的影响程度	取值为 0～1（SL21-2 + SL11-2 + SL16-2 = 1）
SL11-2	心理素质对安全技能的影响程度	取值为 0～1（SL21-2 + SL11-2 + SL16-2 = 1）
SL16-2	工作压力对安全技能的影响程度	取值为 0～1（SL21-2 + SL11-2 + SL16-2 = 1）
ST3	安全态度水平贡献率	安全态度水平对生产员工不安全行为的贡献率（ST1 + ST2 + ST3 = 1）
SL13-3	安全意识对安全态度的影响程度	取值为 0～1（SL13-3 + SL18-3 + SL14-3 = 1）
SL18-3	工作目标对安全态度的影响程度	取值为 0～1（SL13-3 + SL18-3 + SL14-3 = 1）
SL14-3	人际关系对安全态度的影响程度	取值为 0～1（SL13-3 + SL18-3 + SL14-3 = 1）
IS1-11	员工心理素质投入占个人层面安全投入比例	取值为 0～1（IS1-11 + IS1-13 + IS1-14 + IS1-16 + IS1-17 + IS1-18 = 1）
IS1-13	员工安全意识投入占个人层面安全投入比例	取值为 0～1（IS1-11 + IS1-13 + IS1-14 + IS1-16 + IS1-17 + IS1-18 = 1）
IS1-14	员工人际关系投入占个人层面安全投入比例	取值为 0～1（IS1-11 + IS1-13 + IS1-14 + IS1-16 + IS1-17 + IS1-18 = 1）
IS1-16	员工工作压力投入占个人层面安全投入比例	取值为 0～1（IS1-11 + IS1-13 + IS1-14 + IS1-16 + IS1-17 + IS1-18 = 1）

续表

变量代码	变量名称	变量含义
IS1-17	员工工作经验投入占个人层面安全投入比例	取值为 0~1(IS1-11 + IS1-13 + IS1-14 + IS1-16 + IS1-17 + IS1-18 = 1)
IS1-18	员工工作目标投入占个人层面安全投入比例	取值为 0~1(IS1-11 + IS1-13 + IS1-14 + IS1-16 + IS1-17 + IS1-18 = 1)
IS2-21	企业安全培训投入占企业层面安全投入比例	取值为 0~1 (IS2-21 + IS2-22 + IS2-23 + IS2-24 + IS2-25 + IS2-26 + IS2-27 = 1)
IS2-22	企业奖惩机制投入占企业层面安全投入比例	取值为 0~1 (IS2-21 + IS2-22 + IS2-23 + IS2-24 + IS2-25 + IS2-26 + IS2-27 = 1)
IS2-23	企业安全准则规范投入占企业层面安全投入比例	取值为 0~1 (IS2-21 + IS2-22 + IS2-23 + IS2-24 + IS2-25 + IS2-26 + IS2-27 = 1)
IS2-24	企业安全监督反馈投入占企业层面安全投入比例	取值为 0~1 (IS2-21 + IS2-22 + IS2-23 + IS2-24 + IS2-25 + IS2-26 + IS2-27 = 1)
IS2-25	企业领导承诺投入占企业层面安全投入比例	取值为 0~1 (IS2-21 + IS2-22 + IS2-23 + IS2-24 + IS2-25 + IS2-26 + IS2-27 = 1)
IS2-26	企业安全配备投入占企业层面安全投入比例	取值为 0~1 (IS2-21 + IS2-22 + IS2-23 + IS2-24 + IS2-25 + IS2-26 + IS2-27 = 1)
IS2-27	企业作业环境投入占企业层面安全投入比例	取值为 0~1 (IS2-21 + IS2-22 + IS2-23 + IS2-24 + IS2-25 + IS2-26 + IS2-27 = 1)
Input1 to S11	个人层面安全投入对心理素质的转化系数	单位安全投入水平下员工心理素质水平的增加值
Input1 to S13	个人层面安全投入对安全意识的转化系数	单位安全投入水平下员工安全意识水平的增加值
Input1 to S14	个人层面安全投入对人际关系的转化系数	单位安全投入水平下员工人际关系水平的增加值
Input1 to S16	个人层面安全投入对工作压力的转化系数	单位安全投入水平下员工工作压力水平的增加值
Input1 to S17	个人层面安全投入对工作经验的转化系数	单位安全投入水平下员工工作经验水平的增加值
Input1 to S18	个人层面安全投入对工作目标的转化系数	单位安全投入水平下员工工作目标水平的增加值
Input2 to S21	企业层面安全投入对安全培训的转化系数	单位安全投入水平下企业安全培训水平的增加值
Input2 to S22	企业层面安全投入对奖惩机制的转化系数	单位安全投入水平下企业奖惩机制水平的增加值
Input2 to S23	企业层面安全投入对安全准则规范的转化系数	单位安全投入水平下企业安全准则规范水平的增加值
Input2 to S24	企业层面安全投入对安全监督反馈的转化系数	单位安全投入水平下企业安全监督反馈水平的增加值
Input2 to S25	企业层面安全投入对领导承诺的转化系数	单位安全投入水平下企业领导承诺水平的增加值
Input2 to S26	企业层面安全投入对安全配备的转化系数	单位安全投入水平下企业安全配备水平的增加值

变量代码	变量名称	变量含义
Input2 to S27	企业层面安全投入对作业环境的转化系数	单位安全投入水平下企业作业环境水平的增加值
S32 to S31	政策法规对政府监督的影响系数	政策法规作用于政府监督时，政府监督水平增加或减少的系数
S42 to S24	媒体监督对安全监督反馈的影响系数	媒体监督作用于安全监督反馈时，安全监督反馈力度增加或减少的系数
S41 to S22	群众监督对奖惩机制的影响系数	群众监督作用于奖惩机制时，奖惩机制力度增加或减少的系数
S24 to S21	安全监督反馈对安全培训的影响系数	安全监督反馈作用于安全培训时，安全培训力度增加或减少的系数
S24 to S27	安全监督反馈对作业环境的影响系数	安全监督反馈作用于作业环境时，作业环境增加或减少的系数
S31 to S25	政府监督对领导承诺的影响系数	政府监督作用于领导承诺时，领导承诺水平增加或减少的系数
S25 to S21	领导承诺对安全培训的影响系数	领导承诺作用于安全培训时，安全培训力度增加或减少的系数
S27 to S26	作业环境对安全配备的影响系数	作业环境作用于安全配备时，安全配备水平增加或减少的系数
S27 to S16	作业环境对工作压力的影响系数	作业环境作用于工作压力时，工作压力程度增加或减少的系数
S22 to S23	奖惩机制对安全准则规范的影响系数	奖惩机制作用于安全准则规范时，安全准则规范水平增加或减少的系数
S23 to S21	安全准则规范对安全培训的影响系数	安全准则规范作用于安全培训时，安全培训力度增加或减少的系数
S12 to S18	身体素质对工作目标的影响系数	身体素质作用于工作目标时，工作目标水平增加或减少的系数
S15 to S18	文化水平对工作目标的影响系数	文化水平作用于工作目标时，工作目标水平增加或减少的系数
S15 to S17	文化水平对工作经验的影响系数	文化水平作用于工作经验时，工作经验程度增加或减少的系数
S18 to S13	工作目标对安全意识的影响系数	工作目标作用于安全意识时，安全意识水平增加或减少的系数
S11 to S13	安全培训对安全意识的影响系数	安全培训作用于安全意识时，安全意识水平增加或减少的系数
S17 to S11	工作经验对心理素质的影响系数	工作经验作用于心理素质时，心理素质水平增加或减少的系数
S11 to S14	心理素质对人际关系的影响系数	心理素质作用于人际关系时，人际关系水平增加或减少的系数
S11 to S13	心理素质对安全意识的影响系数	心理素质作用于安全意识时，安全意识水平增加或减少的系数
S16 to S13	工作压力对安全意识的影响系数	工作压力作用于安全意识时，安全意识水平增加或减少的系数

8.1.5　仿真模型建立

因果关系图可以描述系统内部反馈结构的基本情况，而存量流量图则是在此基础上表示不同性质变量的区别，它运用了更直观的符号刻画出系统要素之间的逻辑关系、反馈机制和控制的规律，为系统内部联系提供了量化分析的途径。

本节根据建立的员工不安全行为因果关系图、反馈回路的分析及仿真变量的确定，运用系统动力学研究方法，量化处理员工不安全行为防控系统，最终采用 Vensim PLE 软件构建员工不安全行为防控系统存量图，即员工不安全行为防控系统的系统动力学模型，如图 8.3 所示。

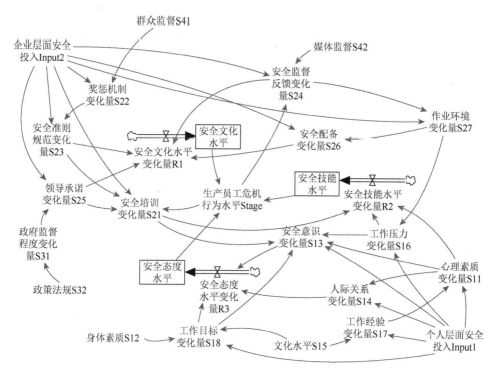

图 8.3　员工不安全行为防控系统的系统动力学模型

8.1.6　系统动力学方程的建立

依据上面建立的员工不安全行为仿真模型及确定的仿真变量，建立员工不安全行为系统动力学方程，具体系统动力学方程如下。

生产员工不安全行为水平 Stage.K = 安全文化水平 L1 × 安全文化水平贡献率

ST1 + 安全技能水平 L2×安全技能水平贡献率 ST2 + 安全态度水平 L3×安全态度水平贡献率 ST3

安全文化水平 L1.K = 安全文化水平 L1.J + 安全文化水平变化量 R1×DT

安全技能水平 L2.K = 安全技能水平 L2.J + 安全技能水平变化量 R2×DT

安全态度水平 L3.K = 安全态度水平 L3.J + 安全态度水平变化量 R3×DT

安全文化水平变化量 R1 = 安全准则规范变化量 S23×安全准则规范对安全文化的贡献率 SL23-1 + 安全监督反馈变化量 S24×安全监督反馈对安全文化的贡献率 SL24-1 + 领导承诺变化量 S25×领导承诺对安全文化的贡献率 SL25-1 + 安全配备变化量 S26×安全配备对安全文化的贡献率 SL26-1

安全技能变化量 R2 = 安全培训变化量 S21×安全培训对安全技能的贡献率 SL21-2 + 心理素质变化量 S11×心理素质对安全技能的贡献率 SL11-2 + 工作压力变化量 S16×工作压力对安全技能的贡献率 SL16-2

安全态度变化量 R3 = 安全意识变化量 S13×安全意识对安全态度的贡献率 SL13-3 + 工作目标变化量 S18×工作目标对安全态度的贡献率 SL18-3 + 人际关系变化量 S14×人际关系对安全态度的贡献率 SL14-3

心理素质变化量 S11 = 个人层面安全投入 Input1×心理素质投入占个人层面安全投入比例 IS1-11×安全投入对心理素质的转化率 Input1 to S11×工作经验对心理素质的影响系数 S17 to S11

安全意识变化量 S12 = 个人层面安全投入 Input1×安全意识投入占个人层面安全投入比例 IS1-13×安全投入对安全意识的转化率 Input1 to S13×工作目标对安全意识的影响系数 S18 to S13×心理素质对安全意识的影响系数 S11 to S13×工作压力对安全意识的影响系数 S16 to S13×安全培训对安全意识的影响系数 S21 to S13

人际关系变化量 S14 = 个人层面安全投入 Input1×人际关系投入占个人层面安全投入比例 IS1-14×安全投入对人际关系的转化率 Input1 to S14×心理素质对人际关系的影响系数 S11 to S14

工作压力变化量 S16 = 个人层面安全投入 Input1×工作压力投入占个人层面安全投入比例 IS1-16×安全投入对工作压力的转化率 Input1 to S16×作业环境对工作压力的影响系数 S27 to S16

工作经验变化量 S17 = 个人层面安全投入 Input1×工作经验投入占个人层面安全投入比例 IS1-17×安全投入对工作经验的转化率 Input1 to S17×文化水平对工作经验的影响系数 S15 to S17

工作目标变化量 S18 = 个人层面安全投入 Input1×工作目标投入占个人层面安全投入比例 IS1-18×安全投入对工作目标的转化率 Input1 to S18×文化水平对工作目标的影响系数 S15 to S17×身体素质对工作目标的影响系数 S12 to S17

安全培训变化量 S21 = 企业层面安全投入 Input2×安全培训投入占企业层面安全投入比例 IS2-21×安全投入对安全培训的转化率 Input2 to S21×安全准则规范对安全培训的影响系数 S23 to S21×领导承诺对安全培训的影响系数 S25 to S21

奖惩机制变化量 S22 = 企业层面安全投入 Input2×奖惩机制投入占企业层面安全投入比例 IS2-22×安全投入对奖惩机制的转化率 Input2 to S22×群众监督对奖惩机制的影响系数 S41 to S22

安全准则规范变化量 S23 = 企业层面安全投入 Input2×安全准则规范投入占企业层面安全投入比例 IS2-23×安全投入对安全准则规范的转化率 Input2 to S23×奖惩机制对安全准则规范的影响系数 S22 to S23

安全监督反馈变化量 S24 = 企业层面安全投入 Input2×安全监督反馈投入占企业层面安全投入比例 IS2-24×安全投入对安全监督反馈的转化率 Input2 to S24×媒体监督对安全监督反馈的影响系数 S42 to S24

领导承诺变化量 S25 = 企业层面安全投入 Input2×领导承诺投入占企业层面安全投入比例 IS2-25×安全投入对领导承诺的转化率 Input2 to S25×政府监督对领导承诺的影响系数 S31 to S25

安全配备变化量 S26 = 企业层面安全投入 Input2×安全配备投入占企业层面安全投入比例 IS2-26×安全投入对安全配备的转化率 Input2 to S26×作业环境对安全配备的影响系数 S27 to S26

作业环境变化量 S27 = 企业层面安全投入 Input2×作业环境投入占企业层面安全投入比例 IS2-27×安全投入对作业环境的转化率 Input2 to S27×安全监督反馈对作业环境的影响系数 S24 to S27

在上述方程式中，.K 表示现在时刻，.J 表示过去时刻，这段时间间隔通常用 DT 表示，即表示仿真过程中的时间步长。

8.2　案例仿真与分析

8.2.1　仿真初值确定

前面研究了员工不安全行为的各影响因素，构建了员工不安全行为防控系统的系统动力学模型，为使模型产生一个动态的结果，在此对各主要影响因素进行进一步分析，对每一个影响因素输入一个值。

本节选取某制造企业生产车间员工为研究对象，该企业自建立以来在生产过程中发生过几次不同等级程度的安全生产事故，企业总体生产情况稳定，在行业里具有一定的代表性。在前期，团队曾对员工不安全行为的相关数据进行了调研访谈和资料搜集，再根据企业实际的安全生产现状，结合有关专家意见，对初始数据进行了量化处理，最终确定员工不安全行为防控系统系统动力学仿真模型的仿真参数的初始值。

1. 投入比例值的确定

本节以该企业 2018 年的安全投入数据为基础，整理核算出该企业用于员工个体层面与企业层面的安全投入初值，确定对员工个体层面和企业层面各个方面的具体投入占比，影响因素安全投入占比如表 8.5 所示。

表 8.5　仿真系统中影响因素安全投入占比

变量名称	变量赋值
心理素质投入占员工个体层面安全投入比例 IS1-11	0.11
安全意识投入占员工个体层面安全投入比例 IS1-13	0.23
人际关系投入占员工个体层面安全投入比例 IS1-14	0.16
工作压力投入占员工个体层面安全投入比例 IS1-16	0.14
工作经验投入占员工个体层面安全投入比例 IS1-17	0.23
工作目标投入占员工个体层面安全投入比例 IS1-18	0.13
安全培训投入占企业层面安全投入比例 IS2-21	0.18
奖惩机制投入占企业层面安全投入比例 IS2-22	0.15
安全准则规范投入占企业层面安全投入比例 IS2-23	0.10
安全监督反馈投入占企业层面安全投入比例 IS2-24	0.11
领导承诺投入占企业层面安全投入比例 IS2-25	0.09
安全配备投入占企业层面安全投入比例 IS2-26	0.23
作业环境投入占企业层面安全投入比例 IS2-27	0.14

2. 因素贡献率权重值的确定

运用专家评分法和文献分析法对企业安全文化水平、员工安全技能水平和员工安全态度水平对员工不安全行为水平贡献率 ST1、ST2、ST3 的权重分配进行评判，在 ST1 + ST2 + ST3 = 1 的基础上，界定三个指标的权重值。同时，使用同样的方法计算得出各子系统中各影响因素的影响程度的参数值，如表 8.6 所示。

表 8.6　影响因素的权重值

变量名称	变量赋值
安全文化水平贡献率 ST1	0.29
安全技能水平贡献率 ST2	0.34
安全态度水平贡献率 ST3	0.37
安全准则规范对安全文化的贡献率 SL23-1	0.35
安全监督反馈对安全文化的贡献率 SL24-1	0.21
领导承诺对安全文化的贡献率 SL25-1	0.29
安全配备对安全文化的贡献率 SL26-1	0.15
安全培训对安全技能的贡献率 SL21-2	0.41
心理素质对安全技能的贡献率 SL11-2	0.27
工作压力对安全技能的贡献率 SL16-2	0.32
安全意识对安全态度的贡献率 SL13-3	0.46
工作目标对安全态度的贡献率 SL18-3	0.35
人际关系对安全态度的贡献率 SL14-3	0.19

3. 仿真系统因素初始值的确定

通过实地调研，发现该企业在 2018 年共举办过两次安全文化教育活动，组织过 1 次团队建设活动，举办过 1 次安全文化知识竞赛。通过专家打分法，将 10 分作为因素上限，安全文化水平得分为 9.5；根据企业员工对安全技能掌握的熟练程度和实际操作水平的高低进行打分，安全技能水平得分为 9.2；根据企业员工的工作积极性、对工作重要性的认识及对安全生产认知的程度评定员工安全态度水平，得分为 9.4。

当前，国内某些行业的法律法规及安全生产制度正逐步趋于完善，但仍存在一些漏洞。近年来，随着安全生产责任制的建立，各级政府及企业管理人员开始对安全生产重视起来，各级政府也针对辖区范围内的企业安全生产工作建立了相关事故防范制度与应急管理措施，并在一定程度上取得成效，经过有关专家商议，政策法规得分为 9.4。政策与法律的制定保障了员工的基本权益，但这些保障能否得到有效的实施才是生产员工切实关心的问题。在实际监督和执行过程中，各级政府的监管的确存在着或多或少的问题，没有长期贯彻地执行监督任务，在一定程度上缺少威慑力，因此政府监督的得分只有 8.6。随着现代新媒体的推广，微博、头条等媒体形式的出现，生产过程中的安全问题变得更加透明，能够被更多人关注，以媒体的形式曝光安全事故的发生和严重后果，不但为企业和安全生产工作者敲响了警钟，同时也带动了群众对企业安全生产的关注及员工同事对安全生产的监督，为安全生产提供了保障。据此，群众监督和媒体监督的得分分别为 9.6 和 9.3。员工的身体素质与文化水平同样对企业安全生产起着至关重要的作用，通过对企业员工问卷调查得到的数据进行分析，员工身体素质得分为 9.3，员工文化水平得分为 8.4。

4. 安全投入对各因素转化率的确定

安全投入对仿真系统内各因素的转化率为单位时间内该指标因素的增加值，根据实际安全投入中各指标因素的增加量，以月为单位，计算得出各指标转化率的分值，并通过 Vensim PLE 软件中的表函数进行赋值计算。

5. 因素间影响系数的确定

根据前面对影响因素之间的相互作用关系的分析，以专家评分为参照依据，确定系统中因素之间的影响系数并对其赋值，影响因素系数值如表 8.7 所示。

表 8.7　影响因素系数值

变量名称	变量赋值
政策法规对政府监督的影响系数 S32 to S31	1.10
媒体监督对安全监督反馈的影响系数 S42 to S24	1.15
政府监督对安全监督反馈的影响系数 S31 to S24	1.25
群众监督对奖惩机制的影响系数 S41 to S22	0.85
安全监督反馈对安全培训的影响系数 S24 to S21	1.20
安全监督反馈对作业环境的影响系数 S24 to S27	1.25
政府监督对领导承诺的影响系数 S31 to S25	1.05
领导承诺对安全培训的影响系数 S25 to S21	1.15
作业环境对安全配备的影响系数 S27 to S26	1.35
作业环境对工作压力的影响系数 S27 to S16	1.20
奖惩机制对安全准则规范的影响系数 S22 to S23	1.05
安全准则规范对安全培训的影响系数 S23 to S21	1.15
身体素质对工作目标的影响系数 S12 to S18	1.15
文化水平对工作目标的影响系数 S15 to S18	0.80
文化水平对工作经验的影响系数 S15 to S17	0.85
工作目标对安全意识的影响系数 S18 to S13	1.20
安全培训对安全意识的影响系数 S11 to S13	1.25
工作经验对心理素质的影响系数 S17 to S11	1.30
心理素质对人际关系的影响系数 S11 to S14	1.25
心理素质对安全意识的影响系数 S11 to S13	1.35
工作压力对安全意识的影响系数 S16 to S13	1.25

8.2.2　模型仿真结果

将上面确定的初始值代入模型进行仿真，模型仿真时间设置为 18 个月，模型初始时间为 0，模型仿真最终时间为 18，时间单位为月，仿真时间步长设置为 1，员工不安全行为水平的仿真变化趋势如图 8.4 所示。

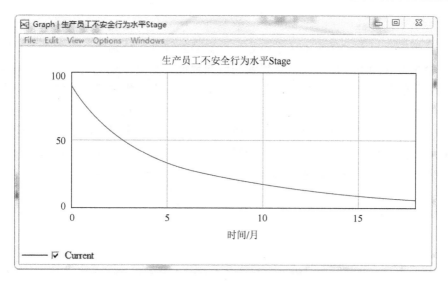

图 8.4　员工不安全行为水平的仿真变化趋势

　　根据对系统要素因果关系的分析，从 Vensim PLE 仿真软件中得到安全文化水平、安全技能水平和安全态度水平的仿真变化趋势，如图 8.5 所示。

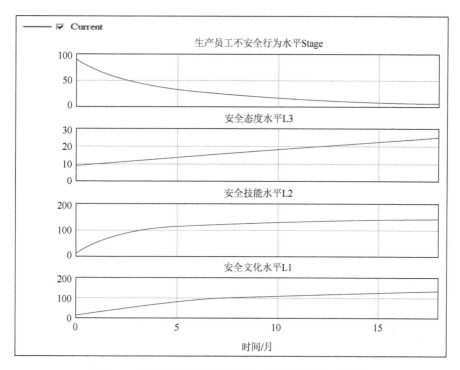

图 8.5　员工不安全行为水平影响因素的仿真变化趋势

在员工不安全行为防控系统中，安全投入是对各影响因素产生作用的源头，为了分析安全投入对员工不安全行为水平影响的程度，分别将系统内员工个体层面安全总投入和企业层面安全总投入的值同时扩大两倍，观察员工不安全行为水平的变化趋势，得到安全投入对员工不安全行为水平的影响机制。同时，为进一步分析员工个体层面安全投入与企业层面安全投入分别对员工不安全行为水平的影响，将员工个体层面安全投入扩大两倍、企业层面安全投入不变和企业层面安全投入扩大两倍、员工个体层面安全投入不变两种情况代入模型进行仿真分析，最终将仿真结果汇总，如图 8.6 所示。

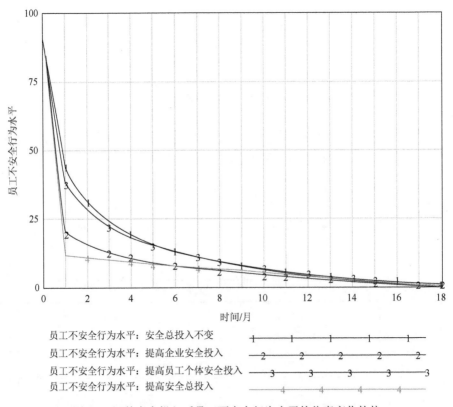

员工不安全行为水平：安全总投入不变　　　　＋1＋1＋1＋1＋1＋

员工不安全行为水平：提高企业安全投入　　　　2　2　2　2　2

员工不安全行为水平：提高员工个体安全投入　3　3　3　3　3

员工不安全行为水平：提高安全总投入　　　　4　4　4　4

图 8.6　调整安全投入后员工不安全行为水平的仿真变化趋势

员工不安全行为的发生受到多个影响因素的作用，为探究不同影响因素对员工不安全行为水平的影响程度，研究采用其他因素不变、调整安全投入比例的方法，分别将系统内各要素指标的安全投入比例提高至原来的两倍，观察员工不安全行为水平的变化趋势，并得到各个因素调整后对员工不安全行为水平的影响变化程度，分别得到员工个体层面和企业层面安全投入比例调整后的员工不安全行为水平变化趋势图，如图 8.7、图 8.8 所示。

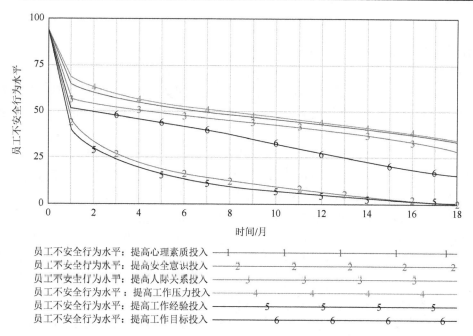

图 8.7　员工个体层面安全投入比例调整后的员工不安全行为水平变化趋势

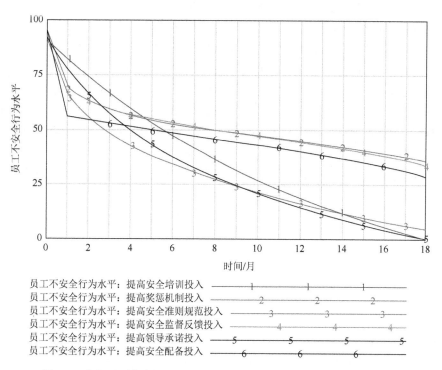

图 8.8　企业层面安全投入比例调整后的员工不安全行为水平变化趋势

8.2.3　仿真结果分析

本章根据员工不安全行为影响因素之间的因果关系，构建了员工不安全行为防控系统仿真模型，运用 Vensim PLE 软件对员工不安全行为进行仿真模拟，得到最终的仿真结果。

通过对图 8.7 和图 8.8 的仿真结果的分析发现，随着时间的推移，员工不安全行为水平不断降低，最终趋向于 0，这说明在企业层面与员工个体层面对员工行为进行干预起到了作用并能够达到预期的效果。由图 8.5 可知，伴随着安全文化水平、安全技能水平和安全态度水平的逐渐升高，受其影响的员工不安全行为水平有了大幅度的降低，这说明在员工具备了相当熟练的工作技能和端正的安全态度后，可以有效地防止员工不安全行为的发生，并以此保证员工在工作过程中的安全问题。此外，防控员工不安全行为的发生是一个需要长期坚持的过程，这样才可以逐步减少由危机的发生造成的人员、财产等方面的损失。

从企业安全投入的角度分析，如图 8.6 所示，同时增加企业层面和员工个体层面的安全总投入能有效减少不安全行为的发生，并且能够在更短的时间内产生效果。当只增加企业层面和员工个体层面其中一个方面的安全投入时，对员工个体层面的安全投入来说，增加企业层面的安全投入可以更有效地降低员工不安全行为水平，这说明企业层面的安全投入比员工个体层面的安全投入对防控员工不安全行为有着更重要的作用。由前面对员工不安全行为指标体系中影响因素的分析可以知道，企业层面的因素指标能够影响员工个体层面的因素指标，并进一步影响不安全行为的发生。同时，从员工不安全行为水平下降的速度来看，增加企业层面的安全投入可以在短期内减少员工不安全行为的发生，但后期对员工不安全行为的影响开始逐渐减小。但是，在其他条件不变的情况下，员工个体层面的安全投入比例提高至原来的两倍比企业层面的安全投入比例提高至原来的两倍更能有效减少不安全行为的发生。这说明在企业重视规章制度的情况下，短时间内可以对员工不安全行为产生非常大的影响，但若要长期保证企业的生产安全，仍要从企业员工自身开始干预。

从系统内各影响因素的角度分析，从图 8.7 的员工个体层面指标来看，员工的安全意识越高、工作经验越丰富，对减少不安全行为的发生越有影响，这说明员工的个人经验会使员工规避工作中的危机，而安全意识强的员工也很少发生不安全行为，但增加员工的工作压力会提高员工不安全行为发生的概率。从企业层面指标来看，如图 8.8 所示，企业安全准则规范和领导承诺对减少员工不安全行为的影响最大，而安全培训对长期防控员工不安全行为的发生有重要价值。安全配备的强度在短时间内对由设备等外在因素导致的员工不安全行为的发生概率有决定性作用，甚至在发生不安全行为时，员工也能够进行自我保护。此外，企业奖惩机制的建立和安全监督反馈都可以稳定地减少和防控员工不安全行为，这说明长期的监督和有效管理有助于减少不安全行为的发生。

8.3　员工不安全行为原因分析

本章从系统角度出发分析员工不安全行为的影响因素，通过分析不安全行为的影响因素及其之间的联动关系，发现员工个体因素是导致不安全行为发生的最直接因素，但政府层面、社会层面与企业层面的管理问题、监督问题等外部因素的不到位也在很大程度上间接地导致了不安全行为的发生。

通过模型仿真分析，结合企业实际的安全生产状况，对系统内的各影响要素进行分析，最终总结出员工不安全行为产生的直接和间接原因有：①员工缺乏相应的工作经验，导致生产技术操作不到位、对生产过程中存在的安全隐患察觉不到位等问题，从而引起不安全行为的发生；②员工安全生产意识缺乏，在生产过程中表现出自我表现心理、侥幸心理和从众心理，从而在日常工作中不顾及生产流程的违规操作，认为偶尔的侥幸行为不会造成安全事故的发生，最终导致生产事故的发生；③企业与社会安全监督不到位导致安全生产松懈，员工对安全生产的态度一直无法端正，最后造成安全事故的发生；④企业生产设备没有定期维护，导致员工在生产过程中的安全防护不到位，存在安全隐患；⑤企业安全生产培训只停留在形式上，员工安全知识和生产技能无法得到提高、安全意识无法养成。

为了有效防控员工不安全行为的发生，根据前面的模型仿真及对员工不安全行为发生原因的分析，8.4 节将提出相应的对策建议。

8.4　员工不安全行为防控对策

8.4.1　基于员工自身因素的对策

1. 注重安全意识和安全态度的培养

安全是一种态度、一种意识，更是一种责任，是保证生产顺利进行的基础，是企业取得经济效益的首要条件。"安全第一"的口号不能只停留在口头上，成为一种作秀的方式，而是要发自内心地去遵守、实践，员工要从内心重视对安全生产概念的培养。企业要想培养员工的安全意识，首先要有切实可行的规章制度，并确保员工能严格遵守安全规章制度，通过制定并实施相应的管理措施，培养员工安全操作的行为习惯。其次，员工要提高自己安全生产的工作意识，学习并熟悉企业安全行为规范,通过严格执行企业生产安全流程来规避不安全行为的发生,同时要及时上报日常工作中发现的安全隐患和不安全行为,将安全生产落实到地。再次,员工应知悉不安全行为带来的严重后果,以已经发生的安全生产事故为警示,时刻谨记安全生产的重要性。最后,员工在工作过程中要端正自身的态度,要意识到自己的安全行为不仅可保证自己的安全,更是一种对家人、对企业的责任,是发挥自身价值的起点,杜绝利益诱惑、贪图省事等而使自己松懈,避免由安全操作不当引起的安全事故。

2. 加强安全技能的掌握

当前,企业员工的整体素质普遍偏低,对安全知识和安全技能的掌握程度较低。熟练地掌握安全技能是员工进行安全生产的重要保证,可以更好地面对工作中的安全隐患,以及应对和处理工作中的特殊状况,避免由工作不熟练导致的安全事故的发生,同时在遇到紧急状况时,也会减少慌乱,降低生产事故发生的频率。因此,加强员工对安全技能的掌握对防控不安全行为有重要意义。同时,员工也要注重自身素质的建设,尤其是自身心理素质的建设,提升自我素养,即便处在生产环境差的工作条件下,也可以及时调整自己的生理和心理状态,保证自己能够全身心地投入工作中,不发生安全事故。企业可以通过开展安全培训教育活动、对外技术交流合作的方式确保员工的生产学习,不断提升员工能力。与此同时,企业也要加大对人才培养的投入,通过增加安全培训、安全教育的形式加强人才队伍的建设。

8.4.2　基于员工外部因素的对策

1. 提高企业安全文化的建设

通过对员工不安全行为防控系统的仿真发现,企业安全文化建设对员工不安全行为的产生具有很大的影响,因此加强安全文化建设是防控员工不安全行为产生的一个重要途径。安全文化建设受众多因素的影响,需要企业管理人员和员工共同努力才能完成。企业管理人员要提高对安全文化建设的重视程度,在日常安全管理过程中要加大对安全文化建设的投入,确保安全文化贯穿生产的全过程,成为企业安全生产的一个标杆。同时做好管理层与员工之间的双向沟通,管理人员既能切实掌握员工的安全生产情况,员工也能时刻知晓企业的生产动态,做到有问题及时沟通。企业也可以通过开展安全文化知识竞赛、安全培训和交流学习的组织活动,来提高员工学习安全文化知识的积极性,培养员工的安全生产意识,锻炼员工的安全生产技能。建立员工共同认可的安全行为准则规范,树立员工安全生产价值观，使员工由内而外地做到自我约束、自我管理。管理人员也要以身作则，不忽视安全生产和安全文化建设领头人的职责，不断提高自身的安全管理能力和安全生产意识，不做安全生产的反面教材，为员工树立良好的榜样。企业良好的安全文化可以潜移默化地促进企业员工安全生产意识的养成，使员工具有强烈的安全意识和端正的安全态度，有利于形成一个良好的安全生产氛围，并进一步促进安全文化深入员工内心，从而可以减少不安全行为的发生。

2. 加强安全培训的针对性和有效性

企业安全培训是员工提升安全技能和安全意识的最直接、最重要的方式。通过短时间对员工集中进行安全培训教育，可以帮助员工快速掌握安全生产工作必备的知识。而在实际情况中，一方面，企业只重视对新入职员工的培训，却忽视了老员工的安全生产意识也需要加强，另一方面，安全教育培训只停留在表面，形式化严重，没有起到应有的作用。因此，企业要有针对性地对员工进行安全培训，改善培训的效果，发挥安全培训本身的价值。

首先，企业应从管理制度上完善安全培训制度，从安全培训的开展次数和组织形式上入手，加大对安全培训的投入。除了对相关政策法规和安全文化知识的培训学习，还要注重对员工实践操作技能的培训。通过理论与实践的双向学习，进一步加强员工对安全技能的掌握和对安全意识的培养。其次，随着企业生产流程及生产要求的不断改变，企业在安全培训过程中要时刻注意培训内容的更新，例如，当安全操作手册修改时，应及时组织安全培训，确保员工能在第一时间了解新的安全生产操作规程，避免造成不必要的安全事故。因企业员工自身文化限制问题，培训内容要注意讲解语言简单化，保证通俗易懂，尽量采取文字与图片结合的方式，保证员工在培训过程中可以清楚明了地理解和掌握安全生产知识的内容。最后，安全培训的对象应该面向全体，不能仅局限于新员工，管理人员与老员工都要积极地参与进来。同时，针对不同的人群和工种，安全培训的内容侧重点也应该不同，针对不同层面的员工制订不同培训计划和内容也是企业需要培训改革的地方。作为企业新鲜血液的新员工，针对他们的培训要从安全生产的概念入手，要从政策法规、企业文化、操作规范、奖惩机制等方面进行全方位的培训；对老员工要侧重新知识的培训，尤其是对当前生产过程中存在问题的处理方式的培训；管理人员应注重对当前政策和行业生产危机情况的学习，注重企业规章制度的制定和修订、安全文化建设等方面的培训。只有企业全体员工共同学习和进步，才能真正做到减少不安全行为的发生。

3. 提高安全配备的标准

企业使用的生产设备应符合国家安全标准，以确保在日常生产中可以起到安全保障的作用。企业应配备专门的技术人员，定期地对安全设备进行维护和保养，定期检查安全设备的运行状况，以保证设备在生产过程中正常运作而不发生意外情况。如果对检查过程中发现的小隐患因企业成本而选择视而不见，就会留下安全隐患，进而造成重大安全事故。企业也要保证为生产员工配备相应的安全防护工具，并定期维护更换，以确保员工能够在工作过程中具有一定的安全保障，面对危机情况时有一定的防护作用。此外，随着科学技术的进步，很多企业已经开始引进自动化生产设备，不再需要员工亲自进行操作，这在一定程度上避免了员工在生产过程中不安全行为和安全事故的发生。因此提高企业设备机械自动化的程度同样有助于减少员工不安全行为的发生。

4. 加大监督制度的执行力度

目前，政府和行业已经就安全生产问题出台了一些法律法规，只有严格按照法律法规中的条文条例执行，才能真正发挥它们的作用。如果只是流于表面，无法将这些法律法规落于实处，那么将失去它们本身的意义和价值，而法律法规的应用价值需要政府和企业共同执行和实施。

从政府层面来说，政府对企业安全的管理具有监督的权力，起到一种督促作用，政府监察人员在执法过程中必须按照法律要求，严厉打击不遵从法规而违规生产的企业单位，对违法违章操作的企业单位进行严格整顿和治理，企业必须严格按照法律法规要求操作生产。同时，机关单位应严格办事，查处不按规定办公、徇私枉法的监察人员，整顿内部办公人员的懒散态度，保证执法效率。

从企业层面来讲，员工的行为很大程度上受到企业安全规定的影响，为防控员工不安全行为的发生，企业应加大对安全生产投入的力度。首先，企业应加大对员工安全生产工作的监管力度，一方面可以有效发现员工在工作过程中存在的不安全问题，从而能够直接指出问题并大范围排查与改正；另一方面可以提高员工与企业管理人员的沟通频率，使管理人员真正了解员工的实际需求，从而可以做到有针对性地对不合理之处进行改善和提高，员工也可以更清楚地知道企业对安全生产的具体要求，既能够双向沟通，又可以提高生产效率。其次，企业要倡导全体员工参与监督管理工作的机制，将各个层面的监督主体有机地结合起来，建立全面的安全监督制度。最后，完善企业安全生产的奖惩机制，可以有效调动员工安全生产的积极性，减少员工不安全行为的发生。企业管理者同样要严格遵守规章制度、公平公正地对待员工，对工作认真、表现积极的员工给予相应的奖励，并在企业中进行宣传和嘉奖；对出现违规操作、明知故犯的员工给予相应的惩罚，对屡教不改的员工从重处罚，并严肃处理后续可能出现的后果。

此外，随着信息传播的快速化和广泛化，监督主体不再局限于政府和企业，媒体监督在安全生产中也发挥着越来越重要的作用。安全事故通过网络、自媒体等形式传播，推动了社会舆论对安全生产的监督和防范，也更容易引起政府和企业的关注和重视。与此同时，政府和企业要利用现代信息传播的影响力，随时反思自身监管制度的不足，并及时地完善监管机制，进一步在安全生产监督工作中做好安全生产的防范工作。

第9章　篇章小结

本篇第一部分首先介绍了研究的背景和意义，其次从员工不安全行为、不安全行为产生原因及影响因素、不安全行为防控策略三个方面梳理了员工不安全行为的研究现状。第二部分采用 Fuzzy-DEMATEL 模型对影响因素进行处理，构建了员工不安全行为指标体系，探寻员工不安全行为影响因素的因果关系及产生机理。第三部分首先基于系统动力学基础构建了员工不安全行为系统动力学模型，并基于该模型进行了仿真分析；其次通过模型仿真结果，并结合企业实际安全生产状况，对系统内的各影响要素进行分析，总结出员工不安全行为产生的直接和间接原因；最后提出了具有针对性的防控对策。

从仿真结果得出，员工不安全行为产生的直接和间接原因有：员工缺乏相应的工作经验、员工安全生产意识缺乏、企业与社会安全监督不到位、企业生产设备没有定期维护、企业安全生产培训流于形式等。针对员工不安全行为提出有效的防控对策：在内部因素方面，提出注重安全意识和安全态度的培养、加强安全技能的掌握；在外部因素方面，提出提高企业安全文化的建设、加强安全培训的针对性和有效性、提高安全配备的标准、加大监督制度的执行力度以减少员工不安全行为的发生。

第三篇　企业员工心理咨询篇

第 10 章　员工心理咨询行为相关概述

10.1　研究目的及意义

10.1.1　研究目的

本书在前面的章节中从员工个体层面、企业层面、政府层面、社会层面四个方面对企业员工不安全行为进行了分析与仿真，并提出了预防和控制员工不安全行为的对策建议。接下来，将站在人因视角下，从心理因素的角度研究企业员工不安全行为。心理因素是最难控制的因素，诸多学者经过研究发现，心理咨询可以很好地干预心理因素，但是，当前国内企业员工遇到心理问题时，选择心理咨询的人数所占的比例却非常低。由于企业员工不安全行为的干预效果难以测得，本书拟用造成员工心理咨询行为的心理因素的数量水平来衡量干预效果。研究目的主要为：①使用结构方程模型探索员工心理咨询行为的影响路径，明确影响员工心理咨询行为的影响因子；②基于员工心理咨询行为路径，对其影响因子提出相应策略，应用系统动力学建立影响员工心理咨询行为的系统动力学模型，并利用 Vensim PLE 软件进行仿真，从而获得各个对策的干预效果；③为了验证该模型的有效性，在企业中对所有对策进行干预，以统计导致员工不安全行为发生的心理因素数量是否显著减少。

10.1.2　研究意义

本篇研究的理论意义在于为研究员工不安全行为提供一种新的思维方式，从人因视角下的心理因素入手，通过探索心理咨询行为的影响路径来干预潜在的危险心理因素，为衡量企业员工不安全行为的干预效果提供了一种新的评估方法，即以引发不安全行为的心理因素的数量水平来衡量干预效果。将结构方程模型与系统动力学相结合，提出了建立系统动力学模型的新思路和新方法。

现实意义在于通过仿真，获得了不同对策的干预效果，并通过实证分析证实了这些对策的有效性。它可以有效地减少诱发员工不安全行为心理因素的数量，从而预防和控制员工不安全行为及事故的发生，对企业进行安全管理有极大的借鉴意义。

10.2　心理咨询行为的研究现状

　　以往的大量研究表明，人的心理因素是导致员工不安全行为的关键因素。曹庆仁等（2007）研究了煤矿员工的不安全行为，从认知心理学的角度分析了煤矿员工决策的心理过程，总结了该模型下煤矿员工不安全行为的心理因素的成因，并提出心理咨询可以有效解决心理问题。公建祥等（2016）提出了一种基于学习的控制方法——知识控制，该方法可以解决生产过程中的行为错误，并通过学习来防控不安全行为的发生。阮扬和乔建江（2013）的研究发现，人的行为受人的生理、心理、环境和组织四大因素系统控制，并利用鱼刺图分析法和其他系统工程方法，对不安全行为影响因素的权重进行了重新排序，对不安全行为的层次进行了划分，指出培训与教育、有效的激励机制、良好的工作氛围、管理与约束等是控制人类不安全行为的重要方法和途径。马彦廷（2010）发现人类难以控制的心理和思想是影响煤矿员工不安全操作行为的主要原因，指出心理咨询可以有效解决这些心理问题。刘海滨和梁振东（2012）的研究表明，不安全行为和行为风险认知偏向显著相关，但安全行为态度、团队安全气氛和不安全行为之间的关系并不显著。何刚等（2013）针对煤炭企业复杂的安全特征，基于主成分分析、因子分析和粗糙理论，系统地研究了影响煤矿员工安全行为的因素体系，为提高员工安全行为水平提供了可行的途径。谢志平和周爱华（2018）提出可以通过心理咨询解决的员工不安全行为的心理问题主要分为从众心理、冒险心理、侥幸心理、逆反心理和麻痹心理五类。武予鲁（2009）分析了煤矿事故中员工不安全行为的间接原因，结果表明人的生理和心理因素占相当大的比例。田水承等（2018）研究发现心理因素更容易引发员工的不安全操作行为或违规行为。李焕（2015）通过实验探讨了不安全行为与员工情绪之间的关系，发现员工的行为和反应能力受情绪的影响，心理因素使员工产生负面情绪，处于负面情绪中的员工容易产生不安全行为。洪锐锋（2011）在对扬州 1300 名员工的抽样调查中发现，只有 90 名员工曾经接受过心理咨询，仅占抽样员工总数的 6.92%，与普通人相比，接受过心理咨询的人比没有接受过心理咨询的人更容易接受心理咨询的方式，所以提高员工的首次心理咨询比例很有必要。周婧（2010）对重庆地区的 1162 名居民进行了调查，发现人们比较认可心理咨询的方式，但很少有人采用心理咨询解决心理问题。年龄的增长会使人们对心理咨询的态度变得越来越消极，而学历越高的人群越愿意接受心理咨询。目前大量研究表明，心理问题是导致员工不安全行为发生的重要因素，而心理咨询会影响员工的心理健康、心理安全和沉默行为等，进而成为影响员工不安全行为的潜在因素，因此进行心理咨询可以在一定程度上解决心理问题，从而防控员工不安全行为的发生。

心理咨询行为通过影响员工的健康状况来影响其工作状态。Leung 等（2015）研究了心理压力与安全行为的关系，指出心理压力是一种严重的创伤经历。遭受心理压力的人往往在情感上枯竭，从而导致他们承担责任的能力下降，也降低了进行安全行为的可能性，从而大大降低了高水平工作的确定性。Kao 等（2016）研究了建筑业员工失眠与工伤事故之间的关系，通过跨层次研究得出失眠会导致员工安全行为减少，从而发生工伤事故。Useche 等（2017）研究了公交驾驶员危险驾驶行为的形成机理，指出驾驶员的生理状态不仅能直接影响其不安全驾驶行为，还在工作压力和社会支持对其不安全驾驶行为的影响中起中介作用。Alavi等（2017）探讨了驾驶员心理疾病与安全事故的关系，通过对 800 名公交车驾驶员和卡车驾驶员两年内数据的收集，发现有心理疾病（如抑郁、焦虑和强迫症等）的驾驶员发生交通事故的概率会大大增加。在制造业中，追求效率是永不停止的目标，从一线员工到管理层，每个人都是企业不可或缺的一部分，整个企业的运作取决于每个人的有效工作，小到员工的心情不好，导致工作滞后；大到操作员失误而给企业带来毁灭性的灾难。因此，一旦员工出现事故或危险，整个企业的运营都会受到影响。

心理咨询可以提高心理安全感，心理安全感是一个多层次的概念，包括个体层次、群体层次和组织层次。本书的心理安全感是指个体层面，即企业员工的心理安全感。先前的研究已经证实，心理咨询是提高员工心理安全感的重要途径，根据马斯洛的需求层次理论，人们在满足基本的生理需求后将对安全性产生需求。栗继祖等（2004）总结了适合煤矿员工的基本心理素质指标，并建立了配套的评价体系。他们提出减少煤炭事故需要工厂设备和心理素质的双重合格。刘承水和刘国林（2004）建立了煤矿员工安全心理评价模型，对不同的心理健康水平采取了不同的评价措施。朱红青等（2007）认为，人为失误是引发矿难的主要原因，而心理动荡又导致了人为失误，他们从心理学视角出发，根据煤炭安全知识制定了预防方法，从而减少了动荡的心理因素对采矿生产的干扰。曹庆仁等（2007）基于心理学理论研究心理因素与煤矿员工不安全行为之间的关系，并建立了"知-能-行"模型。刘轶松（2005）分析了成年人不安全行为的原因，发现心理、生理和技术因素是主要的影响因素：①心理因素，性格懦弱、情绪波动大和注意力不集中会导致不安全行为；②生理因素，视力差、年龄大、身体不健康等生理缺陷会导致不安全行为；③技术因素，不了解操作原理、不熟悉操作会导致不安全行为。郑莹（2008）从心理学和现代管理学的角度探讨了事故发生的路径，认为事故的发生符合"环境→心理→不安全行为→事故"这一规律，还深入分析了煤矿员工的行为方式、心理素质和社会心理因素，以进一步掌握影响煤矿职工安全心理的因素，并提出具体的对策建议。在对电力行业员工不安全行为进行一系列研究的基础上，刘鑫等（2009）

指出心理问题是电力行业员工产生不安全行为的主要因素，随后他们又分析了电力行业员工出现心理问题的原因。栗继祖（2006）通过对煤矿开采现场的调查，采用心理测量手段评价煤矿从业人员的心理状况与安全素质，并建立了相应的心理测试指标体系。李乃文和秋敏（2010）基于中国煤矿员工的不安全心理，研究了煤矿员工的不安全行为，通过对2000多名煤矿员工进行调查发现，发生事故的煤矿员工的安全意识比未发生事故的煤矿员工的安全意识差得多，继而指出煤矿员工的不安全心理与他们的职业特征显著相关。栗继祖和康立勋（2004）认为煤矿员工的心理测验指标控制体系是采矿企业管理者评估煤矿员工心理素质的重要工具，并反复强调建立该体系的重要性。Carmeli 等（2010）的研究表明，心理安全在员工的包容性和员工参与创新工作中起着中介作用。安静和万文海（2014）的研究指出心理安全对员工的工作繁荣有积极的影响。心理安全会影响员工的沉默行为。张玮和张茜（2015）的研究指出，拥有低心理安全感的人在解决冲突时会保持沉默，这会导致更低的心理安全感，从而产生更严重的消极行为。冯永春和周光（2015）认为，领导者的包容行为可能会影响员工的心理安全，通过实证研究证实了改善领导者的包容行为将有利于提高员工的心理安全感，从而激发员工的创造行为。李孝应等（2014）认为心理安全与默许型沉默、防御型沉默、漠视型沉默均呈负相关关系，心理安全感与漠视型沉默行为高度相关，心理安全感越低，越有可能采取漠视沉默行为。

10.3　心理咨询行为相关概念及方法

1. 心理咨询的相关研究

企业员工心理咨询行为：根据计划理论，个人的特定行为意图直接决定了完全由个人意志控制的行为；而不受个人意志完全控制的行为不仅受到行为意图的影响，而且受到个人控制能力、机会和资源等实际控制条件的限制，当实际控制条件足够时，行为意图直接决定行为。本书研究的企业员工的心理咨询行为是基于计划理论的，它是受个体心理咨询行为的意图和实际控制条件共同影响的行为。

企业员工心理咨询行为意向：行为意向是指一个人对特定行为的主观判断概率，它反映了一个人采取行动的意图。在本书中，企业员工心理咨询行为意向是指对员工心理咨询行为的主观概率的判断。根据计划理论，这种行为不是完全由个人控制的，当实际控制条件足够时，行为意图直接决定行为。

企业员工远程心理咨询信息的隐匿性：远程心理咨询是利用一定的沟通工具实现个体自身的器官无法达到的信息交流与沟通，实现咨询师有效帮助访问者的一种心理咨询途径。传统的咨询采用面对面的方式，而远程心理咨询并不普及。有研究已经验证远程心理咨询可以达到与传统的面对面咨询一样的效果，远程心理咨询不仅指网络咨询，也指依托信息技术或其他技术使在空间上分离的咨询双方能够进行沟通的一种心理咨询活动。企业员工远程心理咨询信息的隐匿性是指企业员工在进行远程心理咨询时个人信息不被发现的程度。

污名风险：Goffman 于 1963 年首次将"污名"引入心理学研究中，并对其进行定义，即个体不被信任和不受欢迎的特征即污名。污名给个人带来很多麻烦，使健康的个体成为被污名化的个体，甚至造成部分价值的损失；污名也降低了个人或群体的社会地位，是侮辱性的标签。Vogel 和 Wester（2003）发表了有关社会如何看待某种心理问题的研究，将污名分为两类，即"心理问题"的污名和"心理求助行为"的污名，通过比较两种污名，人们更加担心被贴上"心理问题"污名的标签。

自我表露预期效用风险：Jouard 于 1958 年在研究人本主义心理学时，首次开始对自我表露展开研究；1971 年，Jouard 正式提出自我表露的概念，即告诉他人有关自己的信息，真诚地将个人的、私密的想法和感受分享给他人的过程。现在人们普遍认为自我表露的最经典定义是个人通过口头向他人披露自己的心理信息（包括思想、感受和经历）。心理咨询行为是向咨询师披露自身心理问题的信息，因此符合心理表露行为的概念。预期效用是指个人揭示非自我的个人或群体时的价值觉察，当个人以不同的程度和深度向他人敞开心扉时，他们期望得到不同的回报。求助者认可心理咨询的有效性是咨询双方进行沟通的必要前提，求助者对咨询帮助的有效性的认可程度也可以视为一种风险，即预期效用风险。

预期风险：当个体向陌生人或不熟悉的人表露自己时，将产生对除有效性以外的不良后果的预测，这种求助者对不良后果做出的预测就是预期风险。例如，担心其他人会利用自己的心理问题来威胁其人身安全或其他安全的预测。一些员工担心隐私泄露后会遭到他人的嘲笑或威胁，因此预期风险也影响了企业员工积极寻求心理咨询的行为意图。

自尊心：指个体在自我评价的基础上产生和形成的一种自重、自爱、自我尊重并希望得到他人、集体和社会的尊重的情感体验。詹姆斯（2013）认为自尊心是指个人的成就感，即在实现自我目标的过程中包括成功、失败、挫败感和荣誉感在内的所有情感体验的集合。研究表明，自尊心与员工寻求专业心理帮助的态度之间存在很强的负相关性。

心理咨询对象的定位：企业员工的教育背景和认知水平会影响其对心理咨询对象的定位准确性。周婧（2010）的研究发现，员工认为心理咨询的对象是患有心理障碍的个体，少数人认为精神病患者才是心理咨询的对象，这种认知偏差导致他们拒绝心理咨询。

2. 结构方程模型、系统动力学、问卷调查法

结构方程模型是一种综合运用多元回归分析、路径分析和验证性因子分析形成的统计数据分析工具，是一种基于变量协方差矩阵来分析变量之间关系的统计方法。结构方程模型可以有效地解决社会科学领域的一些问题，它的最大优点是引入了潜在变量，可以反映潜在变量和显式变量之间的关系。

本篇的研究主要从心理学的角度探讨企业员工的不安全行为，建立企业员工心理咨询行为的干预模型，该模型包含无法直接观察到的潜在变量，各变量存在直接的影响关系，同时也受到各自内部影响因素的影响。结构方程模型能够同时求解多个因变量和自变量之间的关系，本篇通过结构方程模型建立了企业员工心理咨询行为的影响模型。在系统仿真中需要建立系统框图，因此使用结构方程模型建立模型，并通过实证分析保留假设成立的一部分，删除假设失败的部分，从而获得影响企业员工心理咨询行为的系统框图，为以后的系统仿真奠定基础。

有关系统动力学的相关理论已在前面有所体现，这里不再赘述。本篇中，系统动力学的应用主要是对影响员工心理咨询行为的对策进行干预仿真模拟，采用问卷调查法的主要目的则是获取数据。

第 11 章 模型的构建与仿真

11.1 员工心理咨询行为结构模型构建

11.1.1 研究假设

根据期望理论，个体通常会在做出决策前权衡风险和收益。当收益的可能性大于风险时，个体会主动做出决策；相反，个体降低做决策的可能性，甚至停止做决策。制造企业的员工会对决策的风险和收益进行心理咨询，如果可以降低员工的风险感知，那么员工在心理咨询中的决策行为意向可以通过心理咨询来实现改进，因此应增加员工进行心理咨询的可能性。对领导层来说，直接强迫员工进行专业的心理咨询是不现实的，领导也不能直接界定员工的状态是不是在可控范围内，因此员工的心理状态需要员工自身进行评估。员工进行心理咨询的行为意向受到员工对自身心理咨询需求的评估的影响，因此从行为意向的角度来看，提高心理咨询的行为意向，可以有效地增加员工进行心理咨询的可能性，促进员工进行专业的心理咨询，达到心理咨询的目的。

（1）风险感知受员工心理咨询影响因子的影响。在影响因子和行为意向的影响路径中，并没有发现有关风险感知的论述。员工对风险感知的评估、员工心理咨询的行为意向直接受他们对风险感知的评估的影响，因此本章将从影响因子出发，讨论影响因子对风险感知的影响。通过对以往研究心理咨询方面的文献进行文本分析，结合系统性原则、典型性原则、简明科学性原则，企业员工行为意向的影响因子被分成六个，分别是员工自我效能、员工心理咨询资源可获得性、员工求助经历、员工自尊心强度、员工咨询对象定位偏差、员工心理咨询认知偏差。员工心理咨询的行为意向受这六个影响因子的直接影响，但是与风险感知有无关系，需要进行验证，基于此，提出以下假设。

H1a：员工自尊心强度正向影响污名风险感知。

H1b：员工自我效能负向影响污名风险感知。

H1c：员工求助经历负向影响污名风险感知。

H1d：员工心理咨询认知偏差正向影响污名风险感知。

H1e：员工咨询对象定位偏差正向影响污名风险感知。

H1f：员工心理咨询资源可获得性正向影响污名风险感知。

H1g：员工自尊心强度正向影响自我表露预期效用风险感知。

H1h：员工自我效能负向影响自我表露预期效用风险感知。

H1i：员工求助经历负向影响自我表露预期效用风险感知。

H1j：员工心理咨询认知偏差正向影响自我表露预期效用风险感知。

H1k：员工咨询对象定位偏差正向影响自我表露预期效用风险感知。

H1l：员工心理咨询资源可获得性正向影响自我表露预期效用风险感知。

H1m：员工自尊心强度正向影响自我表露预期风险。

H1n：员工自我效能负向影响自我表露预期风险。

H1o：员工求助经历负向影响自我表露预期风险。

H1p：员工心理咨询认知偏差正向影响自我表露预期风险。

H1q：员工咨询对象定位偏差正向影响自我表露预期风险。

H1r：员工心理咨询资源可获得性正向影响自我表露预期风险。

（2）风险感知对员工心理咨询行为意向的影响。有研究发现，各行各业不能很客观地看待心理问题，对心理求助行业带有偏见；然而，个体都希望自己的行为能够被接受并得到公众的认可，不想变成另类。个体把自己的心理问题暴露给他人之后，可能会预感受到恶意或不公平的对待，这就是对风险的感知。在风险感知过程中，风险感知越高，放弃专业心理咨询的可能性越高；风险感知越低，放弃专业心理咨询的可能性就越低。Vogel 等（2005）发现自我表露的意愿越低，对心理寻求帮助的态度越消极；个体对寻求专业心理帮助存在误解和恐惧，从而导致自尊、自我价值感等降低，即污名使个体对心理求助持有负面印象，这直接导致了消极的心理求助态度。在此基础上，提出以下假设。

H2a：污名风险负向影响员工心理咨询行为意向。

H2b：自我表露预期效用风险负向影响员工心理咨询行为意向。

H2c：自我表露预期风险负向影响员工心理咨询行为意向。

（3）随着网络信息的飞速发展，远程心理咨询越来越受到重视和欢迎。远程心理咨询会影响心理咨询中个人信息的隐匿性的程度。企业员工对远程心理咨询的评价高、不适感低，普遍接受远程心理咨询；接受过面对面咨询的远程心理咨询者更愿意采用此种方式。随着虚拟现实、人工智能等技术的不断发展，会有一个更高效的集听觉、嗅觉和视觉于一身的感知系统实现远程心理咨询。未来实现心理咨询的远程会诊会通过马赛克模糊图像、使用语音变换等完善个人信息的隐藏，这将会减轻企业员工心理咨询的负担和顾虑（即降低企业员工的风险评估值），从而提高企业员工的行为意向、疏导员工的心理压力，防止员工因心理压力没有及时缓解而产生不安全行为，在此基础上提出以下假设。

H3a：远程心理咨询个人信息的隐匿性在污名风险对员工心理咨询行为意向的影响中起负向调节作用。

H3b：远程心理咨询个人信息的隐匿性在自我表露预期效用风险对员工心理咨询行为意向的影响中起负向调节作用。

H3c：远程心理咨询个人信息的隐匿性在自我表露预期风险对员工心理咨询行为意向的影响中起负向调节作用。

计划理论的五个要素为行为态度、主观规范、知觉行为控制、行为意向和实际行为。行为态度是指个体对某一行为的积极和消极感受，是通过将个体对某一特定行为的感受概念化而形成的。主观规范是指个体对自己是否采取某一特定行为感受到的他人或群体对个体的影响。知觉行为控制是指对个人过去经验和预期的障碍。一个人拥有的资源和机会越多，他所预期的障碍就越少，对行为的知觉行为控制就越强。行为意向是指个体对采取某一特定行为的主观概率的判断，反映了采取某一特定行为的可能性。实际行为是指个人实际采取行动的行为。计划理论模型如图 11.1 所示。

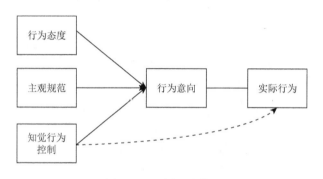

图 11.1　计划理论模型

其中，风险感知包括行为态度，员工间接求助经验包括主观规范，员工心理咨询可获得性包括直接行为控制，员工心理咨询行为意向是员工主动心理咨询行为的意向。因此，为了建立本章的概念模型，做出如下假设，如图 11.2 所示。

11.1.2　实验设计

（1）样本和数据收集。本章采用问卷调查的方式获取数据，发放 250 份问卷，回收 234 份问卷，剔除无效问卷，最终剩下有效问卷 212 份。由于第一次问卷调查的男女差距较大，进行了第二次补充问卷，剔除了男性员工填写不规范的问卷，增加了女性员工的数量，使其与男性员工的数量相同。总人数 212 人保持不变。采用独立样本 t 检验，分析问卷样本的年龄、性别是否存在显著性差异。结果显示，$t>0.05$，无显著性差异，样品中无响应偏差。

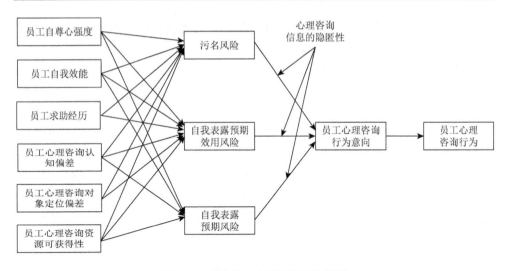

图 11.2　企业员工心理咨询行为模型

（2）测量工具。本章使用了较为成熟的量表来保证测量工具的信度和效度，并反复进行中文和英文互译，然后参照其他翻译问卷形成初步的问卷，并选取天津某电气设备制造公司的 60 名员工进行预调查，根据反馈结果与多位学者进行讨论，确定正式问卷。控制量表主要以员工的性别、年龄、教育背景和工作年限为控制变量。研究采用随机排列的方法，以减少共同方法的偏差，并在变量题目中插入了无关题目，以衡量被试是否认真填写。所有的可变测量值均以利克特 7 点评分，1 分表示完全不同意，7 分表示完全同意。

11.1.3　数据分析

本章主要选择年龄为 25～40 岁的员工，使相对控制家庭基本保持有老有幼的家庭关系。由于样本中男性和女性的比例差异较大，在后期进行女性补充问卷后，男性和女性各占 50%。所有员工的学历均在大专以上，对工作能力和操作能力有较好的了解。

1. 信度和效度分析

本章采用 SPSS 21.0 统计软件对各变量的信度和效度进行分析。每个变量的克龙巴赫系数都大于 0.80，所有变量的因子载荷都大于 0.5，各变量中提取的可解释方差百分比（average variance extracted，AVE）均大于 0.50 的检验标准，这意味着每个变量具有良好的可靠性和收敛效度，结果如表 11.1 所示。

表 11.1 信度和效度的分析结果

变量	测量指标	因子载荷	克龙巴赫系数	AVE	变量	测量指标	因子载荷	克龙巴赫系数	AVE
员工自尊心强度	ZZ1 ZZ2 ZZ3 ZZ4 ZZ5	0.832 0.789 0.758 0.768 0.732	0.883	60.3%	员工心理咨询资源可获得性	HD1 HD2 HD3	0.668 0.824 0.795	0.808	58.6%
员工自我效能	XN1 XN2 XN3 XN4 XN5	0.785 0.812 0.764 0.741 0.658	0.868	56.8%	污名风险	WM1 WM2 WM3	0.796 0.832 0.815	0.855	66.63%
员工求助经历	JJ1 JJ2 JJ3	0.749 0.796 0.753	0.810	78.7%	自我表露预期效用风险	XX1 XX2 XX3	0.717 0.816 0.751	0.806	58.1%
员工心理咨询认知偏差	RZ1 RZ2 RZ3	0.779 0.737 0.803	0.817	59.8%	自我表露预期风险	YX1 YX2 YX3	0.814 0.731 0.755	0.811	58.9%
员工咨询对象定位偏差	DX1 DX2 DX3	0.694	0.789	55.7%	远程心理咨询个人信息的隐匿性	YC1 YC2 YC3 YC4	0.764 0.742 0.783 0.703	0.836	56.0%

使用 Liserel 8.70 软件测试数据的同源偏差。表 11.1 的数据显示，在模型中加入公共因子后，χ^2 变化显著（$\Delta df = 36$，$\Delta\chi^2 = 69.24$，$p < 0.005$）。但考虑到样本量等因素的影响，在比较模型 χ^2 加入公因子后的变化时，需要参考 CFI、NFI、增量拟合指数（incremental fix index，IFI）、RMSEA 等拟合指标的变化。从表 11.2 的数据可以看出，CFI、NFI、IFI、RMSEA、GFI 五个拟合指标的拟合度变化小于等于 0.02，因此同源偏差对本章的结论没有显著影响。结果表明，样本拟合良好，可以从整体上支持理论模型。

表 11.2 共同方法的偏差检验结果

模型	χ^2	df	χ^2/df	RMSEA	CFI	NFI	IFI	GFI
含有共同方法的因子模型	1358.46	468	2.90	0.027	0.96	0.97	0.93	0.88
不含共同方法的因子模型	1436.54	514	2.79	0.032	0.94	0.95	0.92	0.86
拟合度变化	−78.08	−46	0.11	−0.005	0.02	0.02	0.01	0.02

2. 检验结果

本节使用 Liserel 8.70 对提出的方法进行验证。通过 χ^2/df、GFI、调整拟合优度指数（adjusted goodness of fit index，AGFI）、NFI、TLI、CFI、RMSEA 等指标对模型进行拟合检验。

从表 11.3 可以看出，样本拟合指数影响因子的 χ^2/df 在 1～3，GFI、AGFI、

NFI、TLI、CFI 都大于 0.85，RMSEA 小于 0.08，表明样本拟合度很好，支持整个理论模型。

表 11.3　结构方程模型的拟合情况

模型	χ^2 / df	GFI	AGFI	NFI	TLI	CFI	RMSEA
影响因子模型	2.17	0.88	0.876	0.97	0.87	0.96	0.027

假设检验主要基于模型各指标路径系数，检验结果如图 11.3 所示。

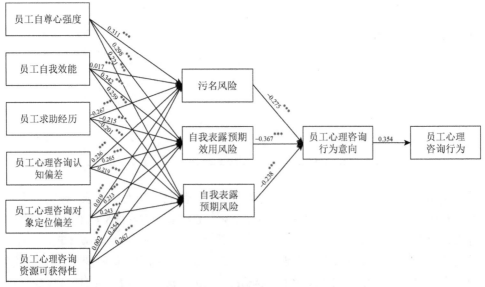

图 11.3　企业员工心理咨询结构方程路径模型

***表示 $p < 0.001$

可以得到员工心理咨询行为意向对员工心理咨询行为的影响比。在 212 份有效问卷中，当员工有完全的心理咨询意愿时，只有 75 人选择心理咨询，而选择专业心理咨询的员工仅占 35.4%。

从图 11.3 可以看出，员工自尊心强度（$\beta = 0.311$，$p < 0.001$）、员工心理咨询认知偏差（$\beta = 0.236$，$p < 0.001$）、员工自我效能（$\beta = 0.017$，$p < 0.001$）、员工咨询对象定位偏差（$\beta = 0.019$，$p < 0.001$）、员工心理咨询资源可获得性（$\beta = 0.002$，$p < 0.001$）对污名风险有正向影响；员工求助经历（$\beta = -0.267$，$p < 0.001$）对污名风险有负向影响；员工自尊心强度（$\beta = 0.298$，$p < 0.001$）、员工自我效能（$\beta = 0.342$，$p < 0.001$）、员工心理咨询认知偏差（$\beta = 0.265$，$p < 0.001$）、员工心理咨询对象定位偏差（$\beta = 0.213$，$p < 0.001$）、员工心理咨询资源可获得性（$\beta = 0.254$，$p < 0.001$）对自我表露预期效用风险有正向影响；自我表露预期效用风险受到来自员工求助经历（$\beta = -0.215$，$p < 0.001$）的负向影响；自我表露预期风险受到来自员工自尊心强度（$\beta = 0.221$，$p <$

0.001)、员工自我效能（$\beta = 0.259$，$p < 0.001$）、员工心理咨询认知偏差（$\beta = 0.219$，$p < 0.001$）、员工心理咨询对象定位偏差（$\beta = 0.243$，$p < 0.001$）、员工心理咨询资源可获得性（$\beta = 0.267$，$p < 0.001$）的正向影响；员工求助经历（$\beta = -0.201$，$p < 0.001$）负向影响自我表露预期风险。

污名风险（$\beta = -0.275$，$p < 0.001$）、自我表露预期效用风险（$\beta = -0.367$，$p < 0.001$）、自我表露预期风险（$\beta = -0.238$，$p < 0.001$）对企业员工心理咨询行为意向产生负面的影响。因此，假设 H1a、H1c、H1d、H1e、H1f、H1g、H1i、H1j、H1k、H1l、H1m、H1o、H1p、H1q、H1r、H2a、H2b、H2c 得到了证实，而 H1b、H1n 没有得到证实。

对于有调节的中介模型检验，参照温忠麟和叶宝娟（2014）的研究进行依次检验，将基本模型分成以下几个：云端隐藏心理咨询的个人信息为调节变量、影响因子为自变量，风险感知为中介变量，员工心理行为意向为基本模型，并对远程心理咨询个人信息的隐匿性调节中介路径的后半路径进行检验，步骤如下：①将企业员工心理咨询行为意向对云端隐藏心理咨询的个人信息和影响因子进行回归；②将风险感知对云端隐藏心理咨询的个人信息和影响因子进行回归；③将企业员工心理咨询行为意向对风险感知、云端隐藏心理咨询的个人信息、影响因子进行回归；④将企业员工心理咨询行为意向对风险感知、影响因子、风险感知×云端隐藏心理咨询个人信息、云端隐藏心理咨询个人信息进行回归。有调节的中介效应成立的前提条件是第三步的风险感知系数较高，前两步的影响因子系数较高，而第四步的风险感知×云端隐藏心理咨询个人信息系数较高。标准化和中心化处理自变量和调节变量，是为了解决回归方程中变量间的多重共线问题，因此必须在乘积项的构建之前，将已处理后的调节变量和自变量相乘。本章选择 SPSS 21.0 软件中的标准化处理方式，结果如表 11.4 所示。

在模型 1 中，员工自尊心强度、员工求助经历和员工心理咨询认知偏差对污名风险有重大影响（$\beta = 0.334$，$p < 0.001$；$\beta = 0.287$，$p < 0.01$；$\beta = 0.283$，$p < 0.01$）；在模型 4 中，员工自尊心强度、员工自我效能、员工求助经历、员工心理咨询认知偏差、员工咨询对象定位偏差和员工心理咨询资源可获得性对员工心理咨询行为意向有重大影响（$\beta = -0.305$，$p < 0.001$；$\beta = -0.364$，$p < 0.001$；$\beta = -0.311$，$p < 0.001$；$\beta = -0.355$，$p < 0.001$；$\beta = -0.254$，$p < 0.01$；$\beta = -0.298$，$p < 0.01$）；在模型 5 中，构建了员工自尊心强度、员工自我效能、员工求助经历、员工心理咨询认知偏差、员工咨询对象定位偏差、员工心理咨询资源可获得性对心理咨询行为意图的污名风险的回归模型（$\beta = -0.336$，$p < 0.001$；$\beta = -0.268$，$p < 0.01$；$\beta = -0.297$，$p < 0.01$；$\beta = -0.274$，$p < 0.01$；$\beta = -0.265$，$p < 0.01$；$\beta = -0.278$，$p < 0.01$；$\beta = -0.384$，$p < 0.01$）。结果表明，中介变量污名风险感知的影响作用显著。模型 8 在模型 4 的基础上添加了交互项，这表明交互是有意义的（$\beta = -0.329$，$p < 0.001$），说明有调节的中介 H3a 成立。

表 11.4 因素因子对企业员工心理咨询行为意向的层次回归分析结果

变量	污名风险	自我表露预期效用风险	自我表露预期风险	员工心理咨询行为意向						
	模型 1	模型 2	模型 3	模型 4	模型 5	模型 6	模型 7	模型 8	模型 9	模型 10
性别	0.024	0.168	-0.103	0.132	0.254	0.284	0.018	0.012	0.009	0.010
年龄	0.048	0.026	0.037	-0.034	0.047	-0.014	-0.360	0.078	0.064	0.052
年级	0.018	-0.024	0.042	0.015	0.029	0.037	0.011	-0.027	0.013	0.024
员工自尊心强度	0.334***	0.314***	0.233***	-0.305***	-0.336***	-0.324***	-0.269***	-0.288***	-0.297***	-0.302
员工自我效能	0.085	0.367***	0.276**	-0.364***	-0.268**	-0.267**	-0.322***	-0.311***	-0.324***	-0.341
员工求助经历	0.287**	0.224**	0.216**	-0.311**	-0.297**	-0.308**	-0.313**	-0.325**	-0.336**	-0.355**
员工心理咨询认知偏差	0.283**	0.270**	0.227**	-0.355**	-0.274**	-0.327***	-0.355***	-0.321*	-0.330***	-0.337***
员工咨询对象定位偏差	0.075	0.247	0.254**	-0.254**	-0.265**	-0.330***	-0.345*	-0.295**	-0.317*	-0.334**
员工心理咨询资源可获得性	0.008	0.434	0.306***	-0.298**	-0.278**	-0.293**	-0.342**	-0.318**	-0.336**	-0.354**
污名风险					-0.384**			-0.365**		
自我表露预期效用风险						-0.329**			-0.304**	
自我表露预期风险							-0.337*			-0.315**
远程心理咨询个人信息的隐匿性	-0.147*	-0.162*	-0.124	0.278**	0.255**	0.251**	0.348**	0.367**	0.298**	0.324**
远程心理咨询个人信息的隐匿性×污名风险								-0.329***		

续表

变量	员工心理咨询行为意向									
	污名风险	自我表露预期效用风险	自我表露预期风险							
	模型 1	模型 2	模型 3	模型 4	模型 5	模型 6	模型 7	模型 8	模型 9	模型 10
远程心理咨询个人信息的隐匿性×自我表露预期效用风险									-0.336^{***}	
远程心理咨询个人信息的隐匿性×自我表露预期效用风险										-0.341^{***}
R^2	465	473	486	497	503	512	527	532	546	551
Adjusted R^2	453	464	472	485	496	507	516	528	535	547
F 值	38.56^{***}	39.98^{***}	42.14^{***}	46.23^{***}	48.57^{***}	51.23^{***}	52.36^{***}	56.79^{***}	59.68^{***}	60.24^{***}

$*p<0.05$，$**p<0.01$，$***p<0.001$，双尾检验。

模型 2 中，员工自尊心强度、员工自我效能、员工求助经历、员工心理咨询认知偏差对自我表露预期效用风险影响作用均显著（$\beta = 0.314$，$p < 0.001$；$\beta = 0.367$，$p < 0.001$；$\beta = 0.224$，$p < 0.01$；$\beta = 0.270$，$p < 0.01$）；模型 4 中，员工自尊心强度、员工自我效能、员工求助经历、员工心理咨询认知偏差和员工心理咨询资源可获得性对员工心理咨询行为意向有重要影响（$\beta = -0.305$，$p < 0.001$；$\beta = -0.364$，$p < 0.001$；$\beta = -0.311$，$p < 0.001$；$\beta = -0.355$，$p < 0.001$；$\beta = -0.254$，$p < 0.01$；$\beta = -0.298$，$p < 0.01$）；模型 6 构建了员工自尊心强度、员工自我效能、员工求助经历、员工心理咨询认知偏差、员工心理咨询资源可获得性和自我表露预期效用风险对员工心理咨询行为意向的回归模型，结果显示中介变量自我表露预期效用风险的影响作用显著（$\beta = -0.324$，$p < 0.001$；$\beta = -0.267$，$p < 0.01$；$\beta = -0.308$，$p < 0.001$；$\beta = -0.327$，$p < 0.001$；$\beta = -0.330$，$p < 0.001$；$\beta = -0.293$，$p < 0.01$）；模型 9 中，添加了一个交互项，远程心理咨询个人信息的隐匿性×自我表露预期效用风险，结果显示交互作用显著（$\beta = -0.336$，$p < 0.001$），说明有调节的中介 H3b 成立。模型 3 中，员工自尊心强度、员工自我效能、员工求助经历、员工心理咨询认知偏差、员工咨询对象定位偏差和员工心理咨询资源可获得性对自我表露预期风险影响作用均显著（$\beta = 0.233$，$p < 0.001$；$\beta = 0.276$，$p < 0.01$；$\beta = 0.216$，$p < 0.01$；$\beta = 0.227$，$p < 0.01$；$\beta = 0.254$，$p < 0.01$；$\beta = 0.306$，$p < 0.001$）；模型 7 构建了员工自尊心强度、员工自我效能、员工求助经历、员工心理咨询认知偏差、员工咨询对象定位偏差、员工心理咨询资源可获得性和自我表露预期风险对员工心理咨询行为意向的回归模型，结果显示中介变量自我表露预期效用风险的影响作用显著（$\beta = -0.269$，$p < 0.001$；$\beta = -0.322$，$p < 0.001$；$\beta = -0.313$，$p < 0.001$；$\beta = -0.335$，$p < 0.001$；$\beta = -0.345$，$p < 0.001$；$\beta = -0.342$，$p < 0.01$；$\beta = -0.337$，$p < 0.01$）；模型 10 中添加了交互项远程心理咨询个人信息的隐匿性×自我表露预期效用风险，结果显示影响作用显著（$\beta = -0.341$，$p < 0.001$），说明有调节的中介 H3c 成立。

为了进一步验证远程心理咨询的调节效果，根据变量的平均值将样本分为两组：高隐匿性组和低隐匿性组。将风险感知的效果值分为两组，并根据回归方程绘制简单的效果图，如图 11.4 所示，高隐匿性组的员工比低隐匿性组的员工更愿意接受心理咨询。

11.1.4 小结

通过理论演绎和数据分析，得出以下主要结论：①员工自尊心强度、员工求助经历和员工心理咨询认知偏差对污名风险、自我表露预期风险及自我表露预期效用风险产生重大影响；②员工自我效能、员工咨询对象定位偏差和员工心

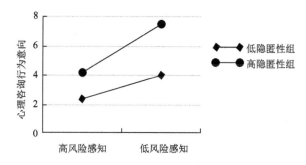

图 11.4　远程心理咨询个人信息的隐匿性对风险感知和心理咨询行为意向的调节作用

理咨询资源可获得性只对自我表露预期效用风险和自我表露预期风险有显著影响；③自我表露预期效用风险对员工心理咨询行为意向的影响最大；④远程心理咨询个人信息的隐匿性可以降低员工对污名风险、自我表露预期效用风险和自我表露预期风险的感知强度，增加员工心理咨询行为意向。

针对这一结论，得出以下建议：①企业员工对心理咨询还存在很多疑问，因此有必要建立和加强心理咨询的理论教育；②推广远程心理咨询方法，提高个人信息的隐匿性。

以上研究结论具有一定的理论价值：①本章从企业员工的心理角度调查员工对风险的感知，为企业员工心理健康问题的研究提出了新的思路；②借助基于计划行为理论的心理学和行为学研究，提出了反映员工心理状态及其内在选择倾向的新模型，即行为意向。

11.2　员工心理咨询行为仿真

11.2.1　员工心理咨询行为系统动力学模型构建

1. 系统动力学框图

通过 11.1 节中对员工心理咨询模型的假设进行验证，得到模型的最终结构，通过验证的假设可以构建系统动力学框图。员工自尊心强度、员工自我效能、员工求助经历通过影响污名风险来间接影响员工心理咨询行为意向；员工自尊心强度、员工求助经历、员工自我效能、员工咨询对象定位偏差、员工心理咨询资源可获得性及员工心理咨询认知偏差通过影响自我表露预期效用风险来间接影响员工心理咨询行为意向；员工自我效能、员工自尊心强度、员工求助经历、员工心理咨询资源可获得性及员工心理咨询认知偏差通过影响员工自我表露预期风险来间接影响员工心理咨询行为意向；员工心理咨询行为意向直接影响员工心理咨询行为，员工心理咨询行为框图如图 11.5 所示。

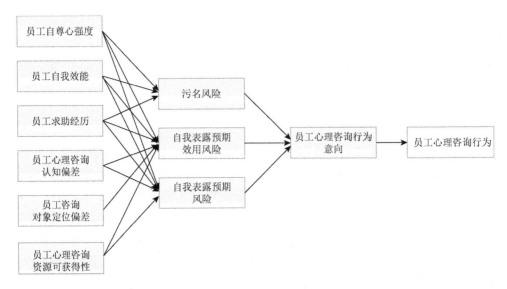

图 11.5　员工心理咨询行为框图

2. 系统边界的界定

能否正确选择合理的系统边界对模型成功与否有着决定性作用。本节将员工心理咨询行为干预系统分为以下几个子系统：工作压力子系统、员工自尊心强度子系统、员工健康子系统、员工人际关系子系统、员工工作满意度子系统、员工素质子系统。

工作压力子系统：人们在适应自身周围环境引发的刺激时，身体和精神会做出一系列的反应，这些反应会对心理和生理产生不同的影响，可能是积极的，也可能是消极的。企业员工在工作过程中，由于工作目标不明确、职责不清晰或工作分配不合理等，会产生一定的压力，使工作效能下降，导致企业生产力损失，更严重的是，员工心理或生理方面受到创伤，更会因自尊心等缘故而不愿接受调解。企业实施适当的压力解放能有效地减轻员工过重的心理压力，既能使员工提高工作效率、提高整个组织的绩效，也可以有效减少员工不安全行为的发生。干预策略包括明确工作职责、优化工作任务安排、提高工作任务的清晰度。

员工自尊心强度子系统：有关研究表明，在面对心理问题时，相对于男性，女性会采取更加成熟的方式去面对。但由于传统观念的影响，男性的自尊心会更加强烈，而女性固有的韧性会使她们比男性更具有忍耐力。自尊心会影响个人做出的选择，在是否进行心理咨询方面，自尊心强的个体更看重他人对自己的看法，很难去做出心理咨询的选择，从而影响个体采取心理咨询的方式。干预策略包括普及心理咨询知识和增加心理咨询宣传活动。

员工健康子系统：员工的健康状态与工作效率有着直接关系，这也导致企业的生产效率受到员工的健康状态的直接影响。员工因为自身健康问题而引起的工作效率下降，会潜在地对企业造成损失，这往往会被企业忽略；员工因健康状态问题导致的操作不当，极易产生大的事故，造成的损失也不可预测。而且健康状态不佳的员工继续工作也会增加其工作压力，自身效能不高，企业生产效率也不会高。干预策略包括定期体检。

员工人际关系子系统：在员工的众多关系中，家庭关系对员工产生的影响最大。员工的朋友与亲人的支持能降低员工对心理咨询的偏见，对心理咨询的风险感知就会降低，从而增加员工心理咨询的意向。干预策略包括亲人的支持、朋友与同事的理解、领导的推荐。

员工工作满意度子系统：员工工作满意度对企业的影响是极其显著的，员工的素质、能力和对企业的感情投入都直接影响到企业的利益。员工工作满意度可从侧面表现出员工的自尊心和对工作的认真程度。员工工作满意度的提高会减轻员工的工作压力、提高员工的自尊心。干预策略包括优化工作环境、改善评估机制。

员工素质子系统：员工素质是个体的外在表现，可以通过一个人的交谈、个性、工作等不同方式表现出来，并且会带动一个人产生更高的效能。素质较高的员工会对企业生产产生积极正向的作用，素质较低的员工对企业则造成消极影响，同时自身也会面临工作、人际等各方面的压力，降低心理咨询意向。干预策略包括定期培训。

3. 因果关系模型构建

经过对系统边界内要素关系的分析，根据系统动力学因果反馈原理，得到员工心理咨询行为干预系统因果关系图，如图 11.6 所示。

通过对员工心理咨询行为干预系统因果关系图的分析，可以明显看到系统内各要素之间的关系，依照图 11.6 中反馈的因果关系，系统内主要包括以下反馈回路。

Loop1：定期体检→员工健康↑→员工自我效能↑→自我表露预期效用风险↓→员工心理咨询行为意向↑→员工心理咨询行为↑。

Loop2：定期体检→员工健康↑→员工自我效能↑→自我表露预期风险↓→员工心理咨询行为意向↑→员工心理咨询行为↑。

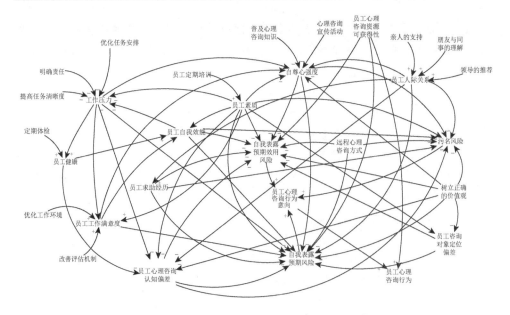

图 11.6　员工心理咨询行为干预系统因果关系图

Loop3：定期体检→员工健康↑→员工自我效能↑→工作压力↓→自我表露预期风险↓→员工心理咨询行为意向↑→员工心理咨询行为↑。

Loop4：定期体检→员工健康↑→员工自我效能↑→污名风险↓→员工心理咨询行为意向↑→员工心理咨询行为↑。

Loop5：定期体检→员工健康↑→心理咨询认知偏差↓→污名风险↓→员工心理咨询行为意向↑→员工心理咨询行为↑。

企业为员工安排定期体检，使员工保持健康，提高员工工作效能，有利于员工提高对心理咨询的认知水平，不再将心理问题与精神问题等联系在一起，员工心理咨询的次数增加。

Loop6：提高任务清晰度（明确责任、优化任务安排）→工作压力↓→员工自尊心强度↓→自我表露预期效用风险↓→员工心理咨询行为意向↑→员工心理咨询行为↑。

Loop7：提高任务清晰度（明确责任、优化任务安排）→工作压力↓→员工自尊心强度↓→自我表露预期风险↓→员工心理咨询行为意向↑→员工心理咨询行为↑。

Loop8：提高任务清晰度（明确责任、优化任务安排）→工作压力↓→员工自尊心强度↓→污名风险↓→员工心理咨询行为意向↑→员工心理咨询行为↑。

Loop9：提高任务清晰度（明确责任、优化任务安排）→工作压力↓→员工心理咨询认知偏差↓→自我表露预期效用风险↓→员工心理咨询行为意向↑→员工心理咨询行为↑。

Loop10：提高任务清晰度（明确责任、优化任务安排）→工作压力↓→员工心理咨询认知偏差↓→自我表露预期风险↓→员工心理咨询行为意向↑→员工心理咨询行为↑。

Loop11：提高任务清晰度（明确责任、优化任务安排）→工作压力↓→员工心理咨询认知偏差↓→污名风险↓→员工心理咨询行为意向↑→员工心理咨询行为↑。

企业通过提高任务清晰度，明确工作责任划分及优化员工工作安排，可以降低工作带给员工的压力，压力的降低会使员工更加正确地认识到心理咨询的正向作用，会促使员工通过心理咨询来缓解心理上的压力。

Loop12：员工定期培训→员工素质↑→自我表露预期效用风险↓→员工心理咨询行为意向↑→员工心理咨询行为↑。

Loop13：员工定期培训→员工素质↑→自我表露效用风险↓→员工心理咨询行为意向↑→员工心理咨询行为↑。

Loop14：员工定期培训→员工素质↑→污名风险↓→员工心理咨询行为意向↑→员工心理咨询行为↑。

Loop15：员工定期培训→员工素质↑→工作压力↓→员工自尊心强度↓→自我表露预期效用风险↓→员工心理咨询行为意向↑→员工心理咨询行为↑。

Loop16：员工定期培训→员工素质↑→工作压力↓→员工自尊心强度↓→自我表露预期风险↓→员工心理咨询行为意向↑→员工心理咨询↑。

Loop17：员工定期培训→员工素质↑→工作压力↓→员工自尊心强度↓→污名风险↓→员工心理咨询行为意向↑→员工心理咨询行为↑。

Loop18：员工定期培训→员工素质↑→员工心理咨询认知偏差↓→自我表露预期效用风险↓→员工心理咨询行为意向↑→员工心理咨询行为↑。

Loop19：员工定期培训→员工素质↑→员工心理咨询认知偏差↓→自我表露预期风险↓→员工心理咨询行为意向↑→员工心理咨询行为↑。

Loop20：员工定期培训→员工素质↑→员工心理咨询认知偏差↓→污名风险↓→员工心理咨询行为意向↑→员工心理咨询行为↑。

企业定期对员工进行培训，可以增加员工工作效能，提高员工的自尊心强度，并且会提高员工素质，员工素质的提高会带动员工工作满意度的提高，会影响员工对心理咨询风险的感知，从而影响心理咨询选择的意向。

Loop21：普及心理咨询知识（心理咨询宣传活动）→员工自尊心强度↓→自我表露预期效用风险↓→员工心理咨询行为意向↑→员工心理咨询行为↑。

Loop22：普及心理咨询知识（心理咨询宣传活动）→员工自尊心强度↓→自我表露预期风险↓→员工心理咨询行为意向↑→员工心理咨询行为↑。

Loop23：普及心理咨询知识（心理咨询宣传活动）→员工自尊心强度↓→污名风险↓→员工心理咨询行为意向↑→员工心理咨询行为↑。

心理咨询知识的普及主要是为了解决员工对心理咨询的认识误区，不再将心理问题与精神问题联系在一起，不再因为害怕周围人的眼光而放弃心理咨询的想法。

Loop24：亲人的支持（朋友与同事的理解、领导的推荐）→员工人际关系↑→员工求助经历↑→自我表露预期效用风险↓→员工心理咨询行为意向↑→员工心理咨询行为↑。

Loop25：亲人的支持（朋友与同事的理解、领导的推荐）→员工人际关系↑→员工求助经历↑→自我表露预期风险↓→员工心理咨询行为意向↑→员工心理咨询行为↑。

Loop26：亲人的支持（朋友与同事的理解、领导的推荐）→员工人际关系↑→员工求助经历↑→污名风险↓→员工心理咨询行为意向↑→员工心理咨询行为↑。

员工进行心理咨询需要周边人的支持，尤其是亲人的支持，旁人的支持会对员工产生一种鼓励，使其不对心理咨询产生误解，改变对心理咨询的偏见，增加选择心理咨询的概率。

4. 构建模型变量集

根据系统动力学理论，员工心理咨询行为干预模型系统包括水平变量、速率变量、辅助变量和常量。根据因果关系图中系统变量的因果关系，量化处理系统模型的指标要素，具体变量设置如下所示。

（1）水平变量表示系统内流的积累量，任何特定时刻的状态变量值是系统中从初始时刻到特定时刻的物质流动或信息流动的累加结果，水平变量参数如表 11.5 所示。

表 11.5　水平变量参数

变量代码	变量名称	变量含义
L1	员工自尊心强度	无量纲，表示企业员工自尊心水平的指标，该指标分值越大说明企业员工越不愿意进行心理咨询
L2	员工自我效能	无量纲，表示企业员工工作效能水平的指标，该指标分值越大说明企业员工进行心理咨询的意愿越高

变量代码	变量名称	变量含义
L3	员工求助经历	无量纲，表示企业员工心理求助水平的指标，该指标分值越大说明企业员工求助经历越丰富
L4	员工心理咨询认知偏差	无量纲，表示企业员工认知偏差水平的指标，该指标分值越大说明企业员工对心理咨询的误解越大
L5	员工咨询对象定位偏差	无量纲，表示企业员工对咨询对象定位水平的指标，该指标分值越大说明企业员工定位准确性的偏差越大
L6	员工心理咨询资源可获得性	无量纲，表示心理咨询资源量水平的指标，该指标分值越大说明企业员工获取心理咨询越方便
L7	污名风险	无量纲，表示企业员工心理担忧水平的指标，该指标分值越大说明员工对心理咨询越抵触
L8	自我表露预期效用风险	无量纲，表示企业员工期望有效水平的指标，该指标分值越大说明员工对心理咨询越不认同
L9	自我表露预期风险	无量纲，表示企业员工预期风险水平的指标，该指标分值越大说明企业员工越担心心理咨询的后果
L10	员工心理咨询行为意向	无量纲，表示企业员工有意进行心理咨询水平的指标，该指标分值越大说明企业员工进行心理咨询的意向越大
L11	工作压力水平	无量纲，表示企业员工工作压力水平的指标，该指标分值越大说明员工工作压力越大
L12	员工素质	无量纲，表示企业员工素质水平的指标，该指标分值越大说明员工素质水平越高
L13	员工健康	无量纲，表示企业员工身体健康水平的指标，该指标分值越大说明员工身体素质越好、身体越健康
L14	员工人际关系	无量纲，表示企业员工人际关系水平的指标，该指标分值越大说明员工人际关系越和谐
L15	员工工作满意度	无量纲，表示企业员工工作满意度水平的指标，该指标分值越大说明员工对当前工作状态越满意
L16	员工心理咨询行为	无量纲，表示企业员工心理咨询行为水平的指标，该指标分值越大说明进行心理咨询的员工越多

（2）速率变量是表示水平变量变化速率的变量，即单位时间内的流量，速率变量参数如表 11.6 所示。

表 11.6　速率变量参数

变量代码	变量名称	变量含义
R1	员工素质水平增加速率	单位时间内企业员工素质水平增加量
R2	员工工作满意度水平增加速率	单位时间内企业员工工作满意度水平增加量
R3	工作压力水平减少速率	单位时间内企业员工工作压力水平减少量

续表

变量代码	变量名称	变量含义
R4	员工咨询对象定位偏差减少速率	单位时间内员工对咨询对象定位偏差减少量
R5	员工心理咨询行为意向增加速率	单位时间内企业员工心理咨询意向增加量
R6	员工心理咨询行为增加速率	单位时间内企业员工心理咨询行为增加量
R7	污名风险增加速率	单位时间内企业员工担忧污名风险增加量
R8	污名风险减少速率	单位时间内企业员工担忧污名风险减少量
R9	自我表露预期效用风险增加速率	单位时间内企业员工对心理咨询认可增加量
R10	自我表露预期效用风险减少速率	单位时间内企业员工对心理咨询认可减少量
R11	自我表露预期风险增加速率	单位时间内企业员工担忧心理咨询产生风险增加量
R12	自我表露预期风险减少速率	单位时间内企业员工担忧心理咨询产生风险减少量
R13	员工自尊心强度增加速率	单位时间内企业员工自尊心增加量
R14	员工自尊心强度减少速率	单位时间内企业员工自尊心减少量
R15	员工自我效能增加速率	单位时间内企业员工选择心理咨询的增加量
R16	员工自我效能减少速率	单位时间内企业员工选择心理咨询的减少量
R17	员工心理咨询资源可获得性增加速率	单位时间内企业员工接触心理咨询的增加量
R18	员工求助经历增加速率	单位时间内企业员工心理求助的增加量
R19	员工心理咨询认知偏差增加速率	单位时间内企业员工对心理咨询认知偏差增加量
R20	员工心理咨询认知偏差减少速率	单位时间内企业员工对心理咨询认知偏差减少量
R21	员工健康增加速率	单位时间内企业员工健康增加量
R22	员工人际关系增加速率	单位时间内企业员工人际关系增加量

（3）辅助变量设置在水平变量和速率变量之间，是系统的信息量，当速率变量表达复杂时，可使用辅助变量简化模型表达，用辅助变量描述其中一部分，辅助变量参数如表 11.7 所示。

表 11.7　辅助变量参数

变量代码	变量名称	变量含义
LR7-5	污名风险干预系数	污名风险作用于员工心理咨询行为意向时，心理咨询意向增加或减少的系数
LR8-5	自我表露预期效用风险干预系数	自我表露预期效用风险作用于员工心理咨询行为意向时，心理咨询意向增加或减少的系数
LR9-5	自我表露预期风险干预系数	自我表露预期风险作用于心理咨询行为意向时，心理咨询意向增加或减少的系数
LR10-6	员工心理咨询行为意向干预系数	心理咨询行为意向作用于心理咨询行为时，心理咨询数量增加或减少的系数
LR5-9	员工咨询对象定位偏差干预系数1	咨询对象定位偏差作用于自我表露预期效用风险时，自我表露预期效用风险增加或减少的系数

变量代码	变量名称	变量含义
LR5-11	员工咨询对象定位偏差干预系数 2	咨询对象定位偏差作用于自我表露预期风险时，自我表露预期风险增加或减少的系数
LR1-7	员工自尊心强度干预系数 1	员工自尊心强度作用于污名风险时，污名风险增加或减少的系数
LR1-9	员工自尊心强度干预系数 2	员工自尊心强度作用于自我表露预期效用风险时，自我表露预期效用风险增加或减少的系数
LR1-11	员工自尊心强度干预系数 3	员工自尊心强度作用于自我表露预期风险时，自我表露预期风险增加或减少的系数
LR3-10	员工求助经历干预系数 1	员工求助经历作用于自我表露预期效用风险时，自我表露预期效用风险增加或减少的系数
LR3-12	员工求助经历干预系数 2	员工求助经历作用于自我表露预期风险时，自我表露预期风险增加或减少的系数
LR3-8	员工求助经历干预系数 3	员工求助经历作用于污名风险时，污名风险增加或减少的系数
LR2-8	员工自我效能干预系数 1	员工自我效能作用于污名风险时，污名风险增加或减少的系数
LR2-10	员工自我效能干预系数 2	员工自我效能作用于自我表露预期效用风险时，自我表露预期效用风险增加或减少的系数
LR2-12	员工自我效能干预系数 3	员工自我效能作用于自我表露预期风险时，自我表露预期风险增加或减少的系数
LR11-13	工作压力干预系数 1	工作压力作用于员工自尊心强度时，员工自尊心强度增加或减少的系数
LR11-16	工作压力干预系数 2	工作压力作用于员工自我效能时，员工自我效能增加或减少的系数
LR11-19	工作压力干预系数 3	工作压力作用于员工心理咨询认知偏差时，员工心理咨询认知偏差增加或减少的系数
LR15-14	员工工作满意度干预系数 1	员工工作满意度作用于员工自尊心强度时，员工自尊心强度增加或减少的系数
LR15-15	员工工作满意度干预系数 2	员工工作满意度作用于员工自我效能时，员工自我效能增加或减少的系数
LR13-14	员工健康干预系数 1	员工健康作用于员工自尊心强度时，员工自尊心强度增加或减少的系数
LR13-15	员工健康干预系数 2	员工健康作用于员工自我效能时，员工自我效能增加或减少的系数
LR12-15	员工素质干预系数 1	员工素质作用于员工自我效能时，员工自我效能增加或减少的系数
LR12-14	员工素质干预系数 2	员工素质作用于员工自尊心强度时，员工自尊心强度增加或减少的系数
LR12-20	员工素质干预系数 3	员工素质作用于员工心理咨询认知偏差时，员工心理咨询认知偏差增加或减少的系数
LR14-14	员工人际关系干预系数 1	员工人际关系作用于员工自尊心强度时，员工自尊心强度增加或减少的系数
LR14-18	员工人际关系干预系数 2	员工人际关系作用于员工求助经历时，员工求助经历增加或减少的系数
LR14-20	员工人际关系干预系数 3	员工人际关系作用于员工心理咨询认知偏差时，员工心理咨询认知偏差增加或减少的系数

变量代码	变量名称	变量含义
LR14-17	员工人际关系干预系数 4	员工人际关系作用于员工心理咨询资源可获得性时，员工接触心理咨询方式增加或减少的系数
LR4-7	员工心理咨询认知偏差干预系数 1	员工心理咨询认知偏差作用于污名风险时，污名风险增加或减少的系数
LR4-9	员工心理咨询认知偏差干预系数 2	员工心理咨询认知偏差作用于自我表露预期效用风险时，自我表露预期效用风险增加或减少的系数
LR4-11	员工心理咨询认知偏差干预系数 3	员工心理咨询认知偏差作用于自我表露预期风险时，自我表露预期风险增加或减少的系数
LR6-10	员工心理咨询资源可获得性干预系数 1	员工心理咨询资源可获得性作用于自我表露预期效用风险时，自我表露预期效用风险减少的系数
LR6-12	员工心理咨询资源可获得性干预系数 2	员工心理咨询资源可获得性作用于自我表露预期风险时，自我表露预期风险减少的系数

（4）常量表示在系统仿真过程中不随时间变化的量，常量参数如表 11.8 所示。

表 11.8　常量参数

变量代码	变量名称	变量含义
P1	普及心理咨询知识	无量纲，表示单位时间内普及心理咨询知识的水平值
P2	心理咨询宣传活动	无量纲，表示单位时间内心理咨询宣传活动的水平值
P3	优化任务安排	无量纲，表示单位时间内任务安排合理性的水平值
P4	提高任务清晰度	无量纲，表示单位时间内任务清晰度的水平值
P5	职责明确	无量纲，表示单位时间内职责清晰的水平值
P6	改善评估机制	无量纲，表示单位时间内评估机制合理性的水平值
P7	优化工作环境	无量纲，表示单位时间内工作环境优越性的水平值
P8	定期体检	无量纲，表示单位时间内员工体检的水平值
P9	员工定期培训	无量纲，表示单位时间内员工定期培训的水平值
P10	亲人的支持	无量纲，表示单位时间内亲人对员工支持的水平值
P11	朋友与同事的理解	无量纲，表示单位时间内朋友与同事对员工理解的水平值
P12	领导的推荐	无量纲，表示单位时间内领导对员工满意度的水平值
P13	远程心理咨询	无量纲，表示单位时间内线上心理咨询的水平值
PL2-5	心理咨询宣传活动对员工咨询对象定位偏差的影响系数	宣传活动作用于员工时，咨询对象定位偏差增加或减少的系数

续表

变量代码	变量名称	变量含义
PL2-1	心理咨询宣传活动对员工自尊心强度的影响系数	宣传活动作用于员工时，员工自尊心强度增加或减少的系数
PL1-5	普及心理咨询知识对员工咨询对象定位偏差的影响系数	员工接触心理咨询知识普及时，咨询对象定位偏差增加或减少的系数
PL1-1	普及心理咨询知识对员工自尊心强度的影响系数	员工接触心理咨询知识普及时，员工自尊心强度增加或减少的系数
PL3-11	优化任务安排对工作压力水平的影响系数	优化任务安排对员工工作压力增加或减少的系数
PL4-11	任务清晰度对工作压力水平的影响系数	任务清晰度对员工工作压力增加或减少的系数
PL5-11	职责明确对工作压力水平的影响系数	明确职责对员工工作压力增加或减少的系数
PL6-15	改善评估机制对员工工作满意度的影响系数	改善评估机制后，员工工作满意度增加或减少的系数
PL7-15	优化工作环境对员工工作满意度的影响系数	优化工作环境后，员工工作满意度增加或减少的系数
PL8-13	定期体检对员工健康的影响系数	员工定期体检时，员工健康增加或减少的系数
PL9-12	员工定期培训对员工素质的影响系数	定期组织培训，员工素质增加或减少的系数
PL10-14	亲人的支持对员工人际关系的影响系数	亲人对员工的支持，员工人际关系增加或减少的系数
PL11-14	朋友与同事的理解对员工人际关系的影响系数	朋友与同事理解员工，员工人际关系增加或减少的系数
PL12-14	领导的推荐对员工人际关系的影响系数	领导对员工赏识，员工人际关系增加或减少的系数
PL13-7	远程心理咨询对污名风险的影响系数	员工接触远程心理咨询，员工担忧污名风险增加或减少的系数
PL13-8	远程心理咨询对自我表露预期效用风险的影响系数	员工接触远程心理咨询，心理咨询预期效果增加或减少的系数
PL13-9	远程心理咨询对自我表露预期风险的影响系数	员工接触远程心理咨询，心理咨询预期风险增加或减少的系数

5. 员工心理咨询行为系统干预流图构建

在员工心理咨询行为因果关系图中，系统各变量之间的关系被直观展现出来，在此基础上，运用系统动力学理论，量化处理员工心理咨询行为系统，构建员工心理咨询行为系统干预流图，如图 11.7 所示。

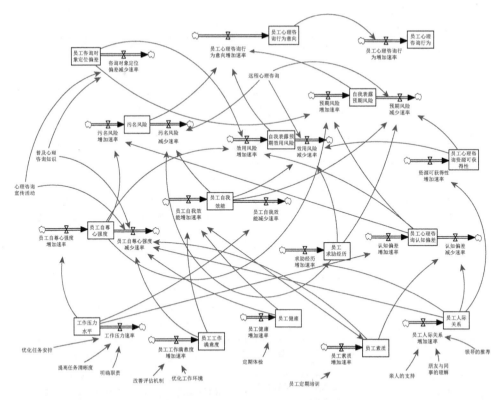

图 11.7　员工心理咨询行为系统干预流图

11.2.2　系统动力学模型的仿真与分析

1. 仿真初值确定

通过对天津市的企业员工发放问卷，统计水平变量对员工行为的影响程度，同时邀请专家对系统中各状态变量的初始值进行打分，综合专家评分和问卷统计数据，得到各水平变量的初始值，即(L1, L2, L3, L4, L5, L6, L7, L8, L9, L10, L11, L12, L13, L14, L15, L16) = (80, 70, 70, 75, 65, 70, 90, 85, 85, 50, 80, 75, 75, 70, 60, 65)，对问卷数据进行统计分析，再运用层次分析法来确定各干预策略集的影响系数及各子策略集内干预策略的影响系数。将模型仿真时间设置为20，起始时间为0，终止时间为20，仿真时间步长设置为1，时间单位为季度。用系统动力学软件 Vensim PLE 进行数据仿真，模型中的系统动力学方程如下所示。

员工心理咨询行为 L16 = 员工心理咨询行为意向 L10×员工心理咨询行为意向干预系数 LR10-6

自我表露预期效用风险 L8 = INTEG（自我表露预期效用风险增加速率 R9-

自我表露预期效用风险减少速率 R10）

污名风险 L7 = INTEG（污名风险增加速率 R7−污名风险减少速率 R8）

员工自我效能 L2 = INTEG（员工自我效能增加速率 R15−员工自我效能减少速率 R16）

员工心理咨询认知偏差 L4 = INTEG（员工心理咨询认知偏差增加速率 R19−员工心理咨询认知偏差减少速率 R20）

员工自尊心强度 L1 = INTEG（员工自尊心强度增加速率 R13−员工自尊心强度减少速率 R14）

员工心理咨询行为意向增加速率 R5 = 污名风险 L7 × 污名风险干预系数 LR7-5 + 自我表露预期效用风险 L8 × 自我表露预期效用风险干预系数 LR8-5 + 自我表露预期风险 L9 × 自我表露预期风险干预系数 LR9-5

自我表露预期效用风险增加速率 R9 = 员工咨询对象定位偏差 L5 × 员工咨询对象定位偏差干预系数 2 LR5-11 + 员工自尊心强度 L1 × 员工自尊心强度干预系数 3 LR1-11 + 员工心理咨询认知偏差 L4 × 员工心理咨询认知偏差干预系数 3 LR4-11

2. 基于层次分析法的影响系数分析

通过上面对员工心理咨询行为的分析，可以归纳出员工心理咨询影响因素的递阶层次结构，如图 11.8 所示。

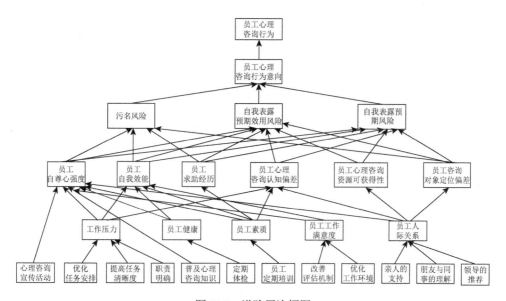

图 11.8　递阶层次框图

图 11.8 中前三层影响因素的影响系数在前面已有表明,此处只需计算后面影响因素的影响系数即可。影响员工自尊心强度的因素有心理咨询宣传活动、工作压力、普及心理咨询知识、员工健康、员工素质、员工工作满意度和员工人际关系;影响员工自我效能的因素有工作压力、员工健康、员工素质、员工工作满意度;影响员工心理咨询认知偏差的因素有工作压力、员工素质、员工人际关系;影响工作压力的因素有优化任务安排、任务清晰度、职责明确;影响员工人际关系的因素有亲人的支持、朋友与同事的理解、领导的推荐。对以上影响因素的影响系数进行层次分析。

(1) 员工自尊心强度: C_1 心理咨询宣传活动、C_2 普及心理咨询知识、C_3 工作压力、C_4 员工健康、C_5 员工素质、C_6 员工工作满意度、C_7 员工人际关系,判断矩阵如表 11.9 所示。

表 11.9　员工自尊心强度判断矩阵

E	C_1	C_2	C_3	C_4	C_5	C_6	C_7	$\bar{W}_i$	W_i	
C_1	1	1/2	1/5	1/3	1/4	1/5	1/3	0.343	0.039	
C_2	2	1	1/4	1/2	1/3	1/4	1/3	0.492	0.057	$\lambda_{\max} = 7.1986$
C_3	5	4	1	3	3	2	4	0.354	0.329	CI = 0.0331
C_4	3	2	1/3	1	1/2	1/2	1	0.906	0.102	RI = 1.36
C_5	4	3	1/3	2	1	1/2	2	1.350	0.155	CR = 0.0243
C_6	5	4	1/2	2	2	1	2	1.870	0.212	
C_7	3	3	1/4	1	1/2	1/2	1	0.921	0.106	

$$\bar{W}_1 = \left(\prod_{j=1}^{7} a_{1j}\right)^{\frac{1}{7}} = \left(1 \times \frac{1}{2} \times \frac{1}{5} \times \frac{1}{3} \times \frac{1}{4} \times \frac{1}{5} \times \frac{1}{3}\right)^{\frac{1}{7}} = 0.343$$

$$W_1 = \frac{\bar{W}_1}{\sum_{j=1}^{7} \bar{W}_j} = \frac{0.343}{0.343 + 0.492 + 0.354 + 0.906 + 1.350 + 1.870 + 0.921} = 0.055$$

$$\lambda_{\max} = \frac{1}{7} \sum_{i=1}^{7} \frac{\sum_{j=1}^{7} a_{ij} W_j}{W_i} = 7.1986$$

$$CI = \frac{\lambda_{\max} - n}{n-1} = \frac{7.1986 - 7}{6} = 0.0331$$

$$CR = \frac{CI}{RI} = \frac{0.0331}{1.36} = 0.0243 < 0.1$$

当 CR = 0.0243＜0.1 时，矩阵一致性可接受。

（2）员工自我效能：C_1 员工健康、C_2 工作压力、C_3 员工素质、C_4 员工工作满意度，判断矩阵如表 11.10 所示。

表 11.10　员工自我效能判断矩阵

E	C_1	C_2	C_3	C_4	$\overline{W}_i$	W_i	
C_1	1	1/3	1/2	2	0.760	0.157	$\lambda_{\max}=4.0145$
C_2	3	1	2	5	2.340	0.483	CI = 0.0048
C_3	2	1/2	1	3	1.316	0.272	RI = 0.89
C_4	1/2	1/5	1/3	1	0.427	0.088	CR = 0.0054

$$\overline{W}_1 = \left(\prod_{j=1}^{4} a_{1j}\right)^{\frac{1}{4}} = \left(1 \times \frac{1}{3} \times \frac{1}{2} \times 2\right)^{\frac{1}{4}} = 0.760$$

$$W_1 = \frac{\overline{W}_1}{\sum_{j=1}^{4} \overline{W}_j} = \frac{0.760}{0.760 + 2.340 + 1.316 + 0.427} = 0.157$$

$$\lambda_{\max} = \frac{1}{4} \sum_{i=1}^{4} \frac{\sum_{j=1}^{4} a_{ij} W_j}{W_i} = 4.0145$$

$$CI = \frac{\lambda_{\max} - n}{n-1} = \frac{4.0145 - 4}{3} = 0.0048$$

$$CR = \frac{CI}{RI} = \frac{0.0048}{0.89} = 0.0054 < 0.1$$

当 CR = 0.0054＜0.1 时，矩阵一致性可接受。

（3）员工心理咨询认知偏差：C_1 工作压力、C_2 员工素质、C_3 员工人际关系，判断矩阵如表 11.11 所示。

表 11.11　员工心理咨询认知偏差判断矩阵

E	C_1	C_2	C_3	$\overline{W}_i$	W_i	
C_1	1	1/5	1/7	0.306	0.075	$\lambda_{\max}=3.0142$
C_2	5	1	1/2	1.357	0.333	CI = 0.0071
						RI = 0.52
C_3	7	2	1	2.410	0.592	CR = 0.0136

$$\overline{W}_1 = \left(\prod_{j=1}^{3} a_{1j}\right)^{\frac{1}{3}} = \left(1 \times \frac{1}{5} \times \frac{1}{7}\right)^{\frac{1}{3}} = 0.306$$

$$W_1 = \frac{\overline{W}_1}{\sum_{j=1}^{3} \overline{W}_j} = \frac{0.306}{0.306 + 1.357 + 2.410} = 0.075$$

$$\lambda_{\max} = \frac{1}{3}\sum_{i=1}^{3}\frac{\sum_{j=1}^{3} a_{ij}W_j}{W_i} = 3.0142$$

$$CI = \frac{\lambda_{\max} - n}{n-1} = \frac{3.0142 - 3}{2} = 0.0071$$

$$CR = \frac{CI}{RI} = \frac{0.0071}{0.52} = 0.0136 < 0.1$$

当 CR = 0.0136 < 0.1 时，矩阵一致性可接受。

（4）工作压力：C_1 优化任务安排、C_2 任务清晰度、C_3 职责明确，判断矩阵如表 11.12 所示。

表 11.12　工作压力判断矩阵

E	C_1	C_2	C_3	$\overline{W}_i$	W_i	
C_1	1	1	3	1.442	0.429	$\lambda_{\max}$ = 3.000 3
C_2	1	1	3	1.442	0.429	CI = 0.000 15　RI = 0.52
C_3	1/3	1/3	1	0.481	0.142	CR = 0.000 29

$$\overline{W}_1 = \left(\prod_{j=1}^{3} a_{1j}\right)^{\frac{1}{3}} = (1 \times 1 \times 3)^{\frac{1}{3}} = 1.442$$

$$W_1 = \frac{\overline{W}_1}{\sum_{j=1}^{3} \overline{W}_j} = \frac{1.442}{1.442 + 1.442 + 0.481} = 0.429$$

$$\lambda_{\max} = \frac{1}{3}\sum_{i=1}^{3}\frac{\sum_{j=1}^{3} a_{ij}W_j}{W_i} = 3.0003$$

$$CI = \frac{\lambda_{max} - n}{n-1} = \frac{3.0003 - 3}{2} = 0.00015$$

$$CR = \frac{CI}{RI} = \frac{0.00015}{0.52} = 0.00029 < 0.1$$

当 CR = 0.00029 < 0.1 时，矩阵一致性可接受。

（5）员工人际关系：C_1 领导的推荐、C_2 亲人的支持、C_3 朋友与同事的理解，判断矩阵如表 11.13 所示。

表 11.13 员工人际关系判断矩阵

E	C_1	C_2	C_3	$\overline{W}_i$	W_i	
C_1	1	1/5	1/3	0.406	0.109	$\lambda_{max} = 3.0037$
C_2	5	1	2	2.154	0.582	CI = 0.00185
C_3	3	1/2	1	1.145	0.309	RI = 0.52 CR = 0.0036

$$\overline{W}_1 = \left(\prod_{j=1}^{3} a_{1j} \right)^{\frac{1}{3}} = \left(1 \times \frac{1}{5} \times \frac{1}{3} \right)^{\frac{1}{3}} = 0.406$$

$$W_1 = \frac{\overline{W}_1}{\sum_{j=1}^{3} \overline{W}_j} = \frac{0.406}{0.406 + 2.154 + 1.145} = 0.110$$

$$\lambda_{max} = \frac{1}{3} \sum_{i=1}^{3} \frac{\sum_{j=1}^{3} a_{ij} W_j}{W_i} = 3.0037$$

$$CI = \frac{\lambda_{max} - n}{n-1} = \frac{3.0037 - 3}{2} = 0.00185$$

$$CR = \frac{CI}{RI} = \frac{0.00185}{0.52} = 0.0036 < 0.1$$

当 CR = 0.0036 < 0.1 时，矩阵一致性可接受。

3. 模型仿真结果

对书中针对员工心理咨询行为提出的策略进行仿真模拟，分别调整定期体检、职责明确、提高任务清晰度、员工定期培训、普及心理咨询知识、心理咨询宣传活动、亲人的支持、朋友与同事的理解、领导的推荐、优化任务安排和改善评估机制策略的初始模拟值,以达到仿真的目的。据调查问卷的统计结果及专家意见,确定以上各变量初始值(80, 95, 95, 60, 40, 30, 95, 95, 80, 60, 90)。

(1)初始状态。伴随着企业改革的进行,企业更加关注生产的质量和效率,同时,现代社会节奏的加快与企业内外竞争的加剧导致员工的心理问题越发严重,产生各种心理问题。为员工进行心理疏导变得更加重要,企业也从多个方面采取措施来提高员工进行心理咨询的概率。对比企业采取过心理咨询行为措施和企业从未采取过措施两种初始状态对员工心理咨询行为产生的影响,仿真结果如图11.9所示。

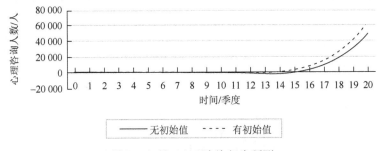

图 11.9　员工心理咨询行为预测

由仿真结果可以看出,当企业不采取任何措施,任由员工自行接触心理咨询时,员工心理咨询行为预测曲线在前7个季度处于较平稳的状态,未有较明显的改变;在第7~13个季度中,员工心理咨询行为预测曲线开始出现缓慢下降,心理咨询人数开始减少;但在第13个季度开始有了转折,心理咨询人数由下降转为上升,并且增长速度越来越快。当企业采取相关措施来提高员工心理咨询的概率时,员工心理咨询行为预测曲线与未采取措施时的变化是相似的,同样具有平稳、下降与上升阶段,只是变化幅度相对较大。由此能够了解到,在现阶段社会发展背景下,如果企业不采取相关的措施,最终员工同样会广泛选择进行心理咨询;采取的措施不会影响到最终的结果,但会影响结果发生的时间。图11.9表明,在采取措施后,进行心理咨询的员工数量明显增加,人们对心理咨询的需求增加速度明显加快,并且随着时间的推移,差距更加明显。

(2)员工人际关系。有研究表明,员工的部分心理问题是由企业内部员工的交往关系导致的。马斯洛的需求层次理论说明,人的需求分为生理、安全、自尊、社交和自我实现。著名的霍桑实验也提示人们之间需要尊重、温情、理解等社会性需要。员工社交需求的满足对员工寻求心理咨询是很重要的。将员工心理咨询行为干预系统模型中的策略,即亲人的支持、朋友与同事的理解、领导的推荐的强度分别增加20%,仿真心理咨询行为的变化,如图11.10所示。

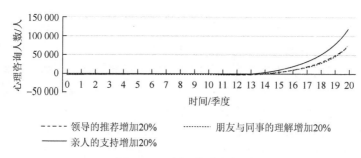

图 11.10 人际关系仿真图

由仿真结果可以看出，通过不同的方式改善员工人际关系，会对员工心理咨询人数产生不同程度的影响。在员工人际关系干预策略中，领导的推荐和朋友与同事的理解对员工心理咨询的影响趋势相似，而亲人的支持产生的影响最大，优势也更加明显。由此可看出，在通过员工人际关系增加员工心理咨询行为的过程中，亲人对员工的理解与支持占有很大的比重，并且亲人之间的交流更容易治愈员工的心理问题，使其主动寻求心理咨询。

（3）工作压力。工作压力是指在工作环境中，由于工作负担、责任等与工作相关的因素，员工自身需要未得到满足或受到威胁而使员工产生生理与心理上的反应。过大的工作压力会对个体的身心健康乃至组织有效运行产生许多负面影响，而适度的工作压力将有助于个体发挥个人潜力、提高工作效率，更好地为组织服务。因此，针对员工工作压力问题，从职责明确、提高任务清晰度与优化任务安排三个方面进行降压，分别对三个策略强度进行升级，观察员工心理咨询行为的变化趋势，仿真图如图 11.11 所示。

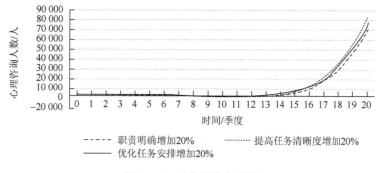

图 11.11 工作压力仿真图

从仿真结果可以看出，从员工工作压力的角度来增强员工心理咨询行为意向，提高任务清晰度是最有效的方法，其次是优化任务安排，最后是职责明确。提高任务清晰度能够有效帮助员工认清工作流程中需要做的工作，能够明确自己的工作内容；优化任务安排是在员工明确自己的任务内容后如何提高自己的工作效率与工作质量，找到最适合的工作方式；职责明确是现阶段企业待加强的部分，在现实工作过程中，总会出现职责混乱的现象，无法将责任落实到个体或组织。三个策略不止单独存在，更是一种递进关系，每一个策略都是另外两个策略实施的基础，只有做好每一步，员工工作压力才会减轻，员工心理咨询行为才会增多。

（4）普及心理咨询知识与心理咨询宣传活动。心理咨询的对象一般是亚健康人群。在现代生活质量提高的同时，因不同个体存在利益、竞争、观念等冲突，会引发各种矛盾，此类心理健康问题更应该得到大众的关注。由于受到传统文化或其他因素的影响，人们对心理咨询缺乏系统的了解，认为心理咨询与精神疾病相同，当出现心理问题时，宁愿自己去面对困难，也不愿求助于专业人员寻求心理疏导。因此心理咨询宣传活动对减少员工认知偏差、提高员工心理咨询的意愿具有重要意义。员工心理咨询行为干预系统模型从普及心理咨询知识和心理咨询宣传活动两个方面进行干预，通过分别提高两者的干预强度来观测对员工心理咨询行为的影响程度，仿真结果如图 11.12 所示。

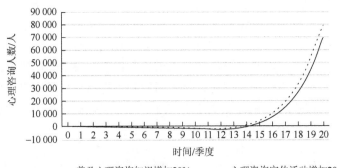

图 11.12　普及心理咨询知识与心理咨询宣传活动对比

由图 11.7 的系统流图和图 11.12 的仿真结果可以看出，普及心理咨询知识与心理咨询宣传活动都对员工咨询对象定位偏差和员工自尊心强度产生影响，但普及心理咨询知识对员工心理咨询行为产生的效果更明显，优于心理咨询宣传活动的效果。两种方案都是为了转变员工的传统观念，澄清社会对心理咨询的各种模糊认识。只有员工认识到心理咨询是为了给予被辅导者情感支持，激励被辅导者摆脱生活困境的信心和勇气，纠正心理咨询等于精神疾病的观念，从量变引起质变，进而正确认识自己并正确认识心理方面的问题，才是增加心理咨询行为的有效途径。

（5）提高员工心理咨询行为的干预措施很多，为了探究不同措施对员工心理咨询行为的影响程度，采用单一因素调整措施的实施强度，分别将各措施调整相同的比例，观察员工心理咨询行为预测曲线的变化趋势，得到不同措施调整后对员工心理咨询行为的影响变化程度，干预策略仿真变化如图 11.13 所示。

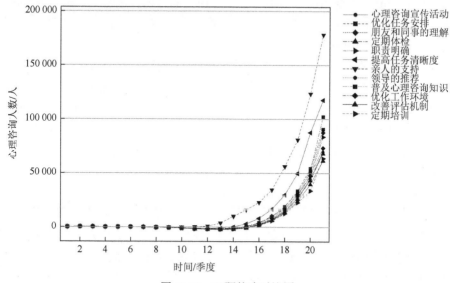

图 11.13　干预策略对比图

由仿真结果可以看出，在全部干预策略中，亲人的支持与其他干预策略相比具有非常明显的干预效果，其他干预策略或多或少也有效果，但是并不明显而且影响程度相似，具体的干预效果由高到低排列为亲人的支持、提高任务清晰度、普及心理咨询知识、优化任务安排、朋友与同事的理解、职责明确、心理咨询宣传活动、领导的推荐、优化工作环境、定期体检、定期培训、改善评估机制；在全部干预措施强度都加强之后，心理咨询人数变化曲线更加弯曲，人数增加速度更快，远比单独增加某一措施效果更明显；从长远角度来看，影响员工心理咨询行为决策的因素很多，为了解决这一问题，应从多个角度同时进行干预，在众多干预对策中，着重采取亲人的支持策略。

4. 模型仿真结果分析

本章按照系统动力学理论的研究过程，运用系统动力学软件 Vensim PLE 对员工心理咨询系统模型中亲人的支持、提高任务清晰度、心理咨询宣传活动、优化任务安排和朋友与同事的理解等干预策略进行仿真模拟，模拟员工心理咨询行为变化曲线。

通过对员工心理咨询行为变化曲线的结果分析发现，有无采取干预措施对员工心理咨询行为的变化有着很大影响，且随着时间的推移，两种情况的差距也越来越明显，采取干预措施比未采取干预措施的员工心理咨询行为增加速率更快，能够更快达到较为理想的预期效果。这说明在采取干预措施后，员工对心理咨询有了更加准确的认识，能够客观地对待心理咨询，接受心理咨询的可能性大幅度提高。同时，员工接受心理咨询是一个长期积累的过程，是量变引起质变的过程，需要长期坚持，这样才能有效减少员工因心理问题而产生的不安全行为，有效防控员工不安全行为的发生。

从员工人际关系的角度分析，分别对影响员工人际关系的措施强度进行增强，发现亲人的支持是员工接受心理咨询的最大助力。工作与家庭是员工生活的两个基本支点，亲人如果对员工的工作抱有不支持的态度，将会带给员工过多消极影响，会使其出现生理及心理上的不适。同样，如果家庭对员工进行心理咨询持有怀疑等不支持态度，将会加大员工的心理负担。如果亲人支持员工进行心理咨询，员工内心会产生一种依托，对心理咨询的认知偏差会大大降低，不会再承担不被理解的压力，这提高了心理咨询的发生概率。

从工作压力的角度分析，提高工作任务的清晰度是增加员工心理咨询行为的最有效策略。工作任务不明确作为一种消极的工作事件，会引发员工的消极情感，并且会影响员工的认知，尤其是降低员工的自尊心，同时也会对员工的工作态度产生负面影响，降低员工的工作投入。当消极情绪难以发泄时，会不断积累演变成压力。在为员工安排工作任务时，明确任务的方向、确定任务过程中的职责分工，是减轻员工工作压力的重要方面。

普及心理咨询知识比心理咨询宣传活动更加有效，更能够降低员工对心理咨询存在的认知偏差。

第 12 章　员工心理咨询行为干预实证

本章实证分析的具体操作如下：首先运用问卷调查法收集并整理 M 公司员工的初始心理因素与心理咨询人数，得到初始值。其次利用第 10 章中模型仿真分析得到的对策进行干预，对于公司没有涉及的干预措施，分两次实施干预；公司中已经存在的干预策略，在原有策略强度的基础上提高 20%，为期两个季度。干预实验结束后，对公司员工的心理因素与参与心理咨询的人数再次进行问卷收集，与干预之前的结果进行对比，验证员工心理咨询系统模型的实际意义。

12.1　员工不安全行为的潜在心理因素

从前面的章节可知，不安全行为可以分为两类：有意的不安全行为和无意的不安全行为。有意的不安全行为是指行为人带有某种意图的、明知故犯而发生的不安全行为，如酒后开车、无证驾驶等。无意的不安全行为是指在行为人没有意识或没有注意到的情况下发生的不安全行为，如大脑意识不清醒时因工作不专注发生的不安全行为、工作范围之外的原因引起的不安全行为等。当员工的心理存在问题时非常容易造成无意的不安全行为，但是有意的不安全行为也属于难以辨认的心理问题，自身性格问题也可能成为不安全行为的起因。

本章的实证分析基于前面总结出的员工心理咨询行为影响因素，对实验人群可能引发不安全行为的起因进行筛选，作为实证的改善目标。参照 Berridge（1990）的研究结论，将员工心理咨询行为能够干预的影响因素作为潜在影响因素，并在设计调查问卷时进行标注，找出引发员工不安全行为的潜在心理影响因素，将心理咨询可以干预的问题归结为表 12.1。

表 12.1　心理咨询干预表

序号	可干预影响因素	序号	可干预影响因素
1	艾滋病	6	慢性疾病
2	酗酒	7	降级
3	不满	8	残疾
4	丧亲	9	学科
5	职业发展	10	解雇

序号	可干预影响因素	序号	可干预影响因素
11	不满	27	自杀
12	负债	28	离婚
13	感应	29	家庭问题
14	岗位培训	30	财务咨询
15	下岗	31	赌博
16	法律事项	32	目标设定
17	扫盲和教育	33	绩效评估
18	婚姻问题	34	体质
19	精神健康	35	推广
20	搬迁	36	种族骚扰
21	退休	37	辱骂
22	性骚扰	38	暴力
23	吸烟	39	职业指导
24	工作相关压力	40	重量控制
25	工作以外压力	41	妇女的职业生涯中断
26	物质滥用	42	青年工人的问题冗余

12.2　M 公司现状调查

12.2.1　问卷设计

本节基于 Berridge（1990）的研究结论，归纳整理出本次实证研究对象具有的不安全行为因素，如表 12.2 所示。

表 12.2　员工不安全行为因素表

序号	影响因素名称	序号	影响因素名称
1	解雇	7	扫盲和教育
2	离婚	8	婚姻问题
3	家庭问题	9	精神健康
4	财务问题	10	绩效评估
5	财务咨询	11	工作以外压力
6	法律事项	12	自杀

续表

序号	影响因素名称	序号	影响因素名称
13	辱骂	22	目标设定
14	暴力	23	不满
15	职业指导	24	负债
16	酗酒	25	下岗
17	丧亲	26	体质
18	职业发展	27	搬迁
19	慢性疾病	28	性骚扰
20	降级	29	吸烟
21	赌博	30	工作相关压力

对 M 公司筛选出的 300 名员工发放调查问卷。问卷共分为两个部分：第一部分，员工在生活中是否有过心理咨询的经历？第二部分，员工最近是否存在问题困扰？通过问卷星软件发放问卷 300 份，有效回收问卷 253 份，样本回收率为 84.33%。

12.2.2　样本分析

对调查问卷数据进行统计分析，员工心理咨询行为与现状如表 12.3 所示。

表 12.3　员工心理咨询行为与现状

在此期间有无进行心理咨询？	数量
是	24
否	229

由表 12.3 可知，员工中有过心理咨询经历的人数非常少，占样本总数的 9.49%，因此非常有必要增加员工的心理咨询行为。

由表 12.4 可知，在员工不安全行为影响因素的统计中，超过 50 人选取的影响因素主要包括工作以外压力、不满、工作相关压力、吸烟、目标设定、负债、辱骂、家庭问题、酗酒、婚姻问题、体质、职业发展等。因此不安全因素对员工的影响非常重要。

表 12.4　员工不安全行为影响因素现状统计

员工不安全行为影响因素	数量	员工不安全行为影响因素	数量
工作以外压力	121	工作相关压力	87
不满	115	吸烟	86

续表

员工不安全行为影响因素	数量	员工不安全行为影响因素	数量
目标设定	84	搬迁	29
负债	69	慢性疾病	23
辱骂	68	财务问题	23
家庭问题	65	财务咨询	21
酗酒	59	下岗	19
婚姻问题	58	法律事项	16
体质	57	降级	14
职业发展	53	离婚	12
职业指导	43	丧亲	7
扫盲和教育	43	精神健康	6
性骚扰	35	赌博	6
绩效评估	35	解雇	3
暴力	35	自杀	2

12.3　模型干预与结果分析

12.3.1　模型干预

员工心理咨询行为模型提出的干预措施主要包含：调整工作安排、提高任务清晰度、职责明确、优化奖惩机制、改善工作环境、心理咨询宣传活动、定期组织培训、普及心理咨询知识等。总体干预时长为两个月，第一季度与第二季度都只干预一次。之后，向目标员工发放调查问卷，回收并统计数据。

12.3.2　发放问卷并分析结果

采取与第一次相同的方式发放调查问卷，共计发放问卷 300 份，有效回收 216 份，对未填写人员进行二次问卷发放，补充有效问卷至 253 份，心理咨询行为干预后的统计表如表 12.5 所示。

表 12.5　心理咨询行为干预后的统计表

在此期间有无进行心理咨询？	数量
是	57
否	196

在对企业员工进行干预后，心理咨询人数明显增加，已经达到 57 人，心理咨询人数占比达到 22.53%，直接证实了上述干预措施是有效果的，员工不安全行为影响因素干预后的统计表见表 12.6。

表 12.6　员工不安全行为影响因素干预后的统计表

员工不安全行为影响因素	数量	员工不安全行为影响因素	数量
吸烟	76	性骚扰	20
工作相关压力	75	财务问题	20
不满	70	绩效评估	18
工作以外压力	68	财务咨询	16
负债	58	暴力	15
辱骂	57	搬迁	14
目标设定	56	下岗	10
家庭问题	56	降级	9
体质	55	赌博	9
酗酒	54	法律事项	8
职业发展	45	离婚	6
扫盲和教育	40	丧亲	5
职业指导	27	精神健康	3
婚姻问题	23	解雇	3
慢性疾病	21	自杀	3

在经过干预之后，主要影响员工不安全行为的因素有吸烟、工作相关压力、不满、工作以外压力、负债、辱骂、目标设定、家庭问题、体质与酗酒。大多数因素的程度都有所降低，但仍存在部分因素有上涨现象，如表 12.7 所示。

表 12.7　员工不安全行为影响因素干预前后的对比表

员工不安全行为影响因素	干预后的数量差	员工不安全行为影响因素	干预后的数量差
工作以外压力	53	职业指导	16
不满	45	性骚扰	15
婚姻问题	35	搬迁	15
目标设定	28	工作相关压力	12
暴力	20	负债	11
绩效评估	17	辱骂	11

续表

员工不安全行为影响因素	干预后的数量差	员工不安全行为影响因素	干预后的数量差
吸烟	10	扫盲和教育	5
家庭问题	9	财务问题	3
下岗	9	精神健康	3
职业发展	8	体质	2
法律事项	8	慢性疾病	2
离婚	6	丧亲	2
酗酒	5	解雇	0
财务咨询	5	自杀	−1
降级	5	赌博	−3

从员工不安全行为影响因素干预前后的对比来看，改善较为明显的是工作以外压力、不满、婚姻问题、目标设定等。也有部分因素因初始人数较少，出现了增长现象，误差变大。但从干预效果总体来看，干预措施还是可以明显改善员工不安全行为的影响因素。

第13章 篇 章 小 结

　　本篇第一部分首先由浅入深依次介绍了心理因素、心理咨询行为以及心理安全对员工不安全行为的影响，然后介绍了心理咨询的相关概念；最后引出本书研究运用的模型及方法。本篇第二部分首先通过理论演绎构建了企业员工心理咨询行为的概念模型，采用问卷调查法收集了员工信息数据并分析，以对概念模型进行拟合检验，得到企业员工心理咨询结构方程模型；最后，基于系统动力学构建了心理咨询行为干预系统，运用 Vensim 软件对该系统进行了仿真分析并提出干预策略。本篇第三部分运用了问卷调查法收集并整理 M 公司员工的初始心理因素与心理咨询人数，得到初始值，之后利用上一部分中提出的干预策略对公司进行为期两个季度的干预，在干预实验结束后对公司员工的心理因素与参与心理咨询的人数再次进行问卷收集，与干预之前的结果进行对比，验证模型干预措施的有效性。

　　从仿真结果得出，有无采取干预措施对员工心理咨询行为的变化有着很大影响，且随着时间的推移，两种情况的差距也越来越明显；亲人的支持是员工接受心理咨询的最大助力；提高工作任务的清晰度是提高员工心理咨询行为的最有效策略；普及心理咨询知识比心理咨询宣传活动更加有效，更能够降低员工对心理咨询存在的认知偏差。

第 14 章　展　　望

14.1　个体行为传播

14.1.1　从行为产生到行为传播的过渡

马克思认为人的本质是一切社会关系的总和。人作为群居的社会性动物，在生产经营和日常生活中，正常交往是不可避免的。人与人之间的交往，除了进行物质交换满足日常生活需求，还有信息、情感和行为之间的交流，这就是传播。

个体行为传播，也就是人的行为传播，具有特定指向性。传播学中认为行为传播是人类传播过程中的一种特殊形式，关键在于行为信息传播的内容和传播效果，关注行为传播过程中的信息来源、信息宿体、信息内容、传播途径、传播效果等要素。因此，传播学研究者认为行为传播是在行为发生之前、之中及之后，介于个人和他人或组织之间的传播。人在群体生活中产生的从众心理对行为传播具有很大的促进作用，当个体看到群体内大部分成员做出同样的行为时，出于避免成为异类和以防脱离群体的心理，会做出和大多数人相同的行为，行为得以传播。行为传播研究是指分析行为是如何进行传播的、通过哪些方式和渠道进行传播的、传播会造成何种影响。因此，从研究行为的产生过渡到研究行为的传播，对个体行为的管理与防控具有重大理论及现实意义。

14.1.2　行为传播的要素

应明确行为传播中的关键要素、掌握行为传播过程中的组成要素，以便于对行为传播过程进行深层次的静态分析。学者认为行为传播是一种特殊性质的传播，其包括行为传播者、行为信息、行为传播媒介、行为受众和行为的传播效果五大因素。

（1）行为传播者是指产生行为并进行信息传播的主体。行为传播者大致可分为两种类型，第一种是有意识地传播行为信息，多见于大众传媒、课堂教学事件；第二种是无意识地传播行为信息。生活中第二种比较常见，传播者并没有意识到自己发散了行为信息，处于无意识状态。

（2）行为信息是一种特别的信息，行为信息可以是一种实体信息，有具体内容和表现形式，受众在信息传播过程中，可以自己决定是否接收这种信息，具有一定的主动权。行为信息也可以通过行为主体在产生行为的过程中直接传播信息，受众无意识地被动接收行为信息。

（3）行为传播媒介。新媒体环境不仅加快了信息的传播速度，也扩大了信息的传播范围。在新媒体环境下，行为信息也可以通过新媒体平台进行传播，如微信、网站、论坛、微博等其他一系列社交平台，而此时的社交平台就是行为传播媒介。

（4）行为受众是指行为信息的接收者。在行为信息的传播过程中，受众首先接收行为信息，其次考虑是否对行为信息做出反应及做出什么样的反应。

（5）行为的传播效果是指行为进行传播后引起的影响和反应，传播效果是行为进行传播的目的。

14.1.3 行为传播的渠道

1. 人际传播

人际传播是指人与人之间的信息交流。行为在进行人际传播的过程中，主要通过两种方式：第一种是行为是怎样通过人际关系进行传播的，又是通过何种方式进行传播的；第二种是行为发生之后，在处理行为的过程中，该通过怎样的人际沟通方式与行为人或家属进行沟通才能得到更好的效果。

当行为人产生行为之后，行为信息会通过人际关系进行传播，以不同的方式传递出去，带来正面或负面影响。行为传播的流经对象主要包括两方面：一方面是行为人或者接收者，行为人需要寻求帮助或因为其他原因，主动向老师、同学、领导、同事或者警察等发出需要；另一方面是现场见证人，包括路人、同学、同事等看见行为发生的人，与行为人发生接触，无意间接受行为的传播。行为人、接收者或者见证行为发生的人是第一行为传播人，行为人、接收者或现场见证人又会通过其他方式或渠道进行重复传播，传播的次数越多，传播的范围也就越广泛。

2. 组织传播

行为除了受到人的影响，还会受到所处组织的影响。组织是社会环境中一个重要的组成部分，组织发生的行为对人的行为会产生重大的影响。组织传播又称为公共关系，是以组织而不是以个人形式进行的传播活动。组织行为对个体的影响不仅包含直接影响，还会通过态度、情感等中介对个体行为产生间接影响。组织行为并不与个体行为脱离，而是与个体行为有着密切关系，是引导个体安全行为与防控危机行为发生的重要影响因素。

3. 大众传播

大众传播是指大规模的媒介组织向大范围的受众传递大批量信息的过程，借助新媒体的快速发展，计算机和网络已经成为人们日常生活中大众传播的主要工具，有着广泛的影响力。在行为管理中，应充分利用大众传播渠道，引导个体行为向善，防控某些危机行为的产生和发展。可以对典型行为案例进行深度剖析，整理和分析事件发生的来龙去脉，给予正面引导和正确的解决方案，达到社会和谐发展的目标。

14.2　行为传播影响因素

14.2.1　行为传播研究现状

1. 大学生行为传播研究现状

王凤仙和李亮（2020）通过对大学生短视频分享现状的研究，发现短视频非客观地反映社会的各种生活现实，在大学生中出现了裂变式传播，影响大学生的社交方式和感知世界的方式。王肖（2021）通过对大学生之间短视频传播的热潮进行分析研究，发现内容繁杂、信息丛生、文化多元的短视频在大学生之间传播着不良行为，影响着他们的生活，使他们丧失目标、迷失自我。宫运华和王镇（2014）等用 AMOS 软件构建大学生不安全行为形成机理的结构方程模型，发现大学生间的人际关系会影响其安全意识，从而影响大学生的不安全行为的传播。覃国锐（2009）结合高校实际情况，对目前高校校园网络存在的安全与安全管理问题进行分析，得出大学生网络道德教育的程度对大学生不安全行为的传播有一定影响。洪宇翔（2017）分别从传播的主体、载体、对象和渠道四个方向论述，得出大学生不安全行为的传播与社会经验不足、缺乏安全防范意识与法律知识有关。霍明奎和竺佳琪（2019）通过对调查数据的扎根理论数据编码和对理论饱和度进行检验，认为大学生网络不安全行为的传播与关键人物、行为风险性、个体属性、群体关系和教育管理五大因素有关，并提出从关注关键人物、改进教育模式、强化主体意识等方面来阻断网络不安全行为的传播。

2. 建筑工人不安全行为传播影响因素

韩豫等（2016）对建筑工人不安全行为传播的过程和方式的特性进行分析，

以群体封闭性为切入点，分析了建筑工人不安全行为传播过程和方式的特性，得出班组长行为、班组安全氛围、工友关系等内部因素对不安全行为的传播有显著影响。杨振宏等（2018）对建筑工人不安全行为传播的影响因素进行了定量研究，提出关键人物影响力、关系亲密度、个体易感度对建筑工人不安全行为示范模仿的影响最显著，个体易感度、安全氛围对建筑工人不安全行为感染从众的影响最显著。周丹（2015）通过构建理论模型，对建筑工人不安全行为的传播过程和方式进行分析，得出建筑工人不安全行为传播的影响因素包括个体安全素养、安全氛围、任务及安全用具不方便程度、关键人物影响程度、群体成员的关系密切程度等，从而提出对建筑工人不安全行为传播的预防与控制措施。叶贵等（2015）运用解释结构模型建立建筑工人不安全行为影响因素的三层四阶递阶结构模型，探究建筑工人不安全行为的发生机理，得出建筑工人不安全行为的影响因素分为表层、中层、深层三层，并根据上述研究提出相关建议措施。韩豫等（2015）对建筑工人不安全行为的模仿与学习方式及影响因素进行研究，得出模仿与学习是建筑工人不安全行为复制和传播的重要方式和途径，对不安全行为的产生起着联系和催化作用，并提出控制不安全行为传播的策略。王丹等（2018）运用社会网络分析理论构建建筑施工班组成员间的不安全行为网络传播模型，研究得出建筑工人不安全行为传播的网络密度较高，凝聚力较强，不安全行为传播明显。

3. 煤矿员工不安全行为传播影响因素

许正权等（2014）构建了煤矿员工行为状态空间模型，给出了煤矿员工不安全行为的网络传播条件，从而提出了煤矿员工不安全行为的可学习性和模仿价值、成本收益和社会接触是影响煤矿员工不安全行为传播的主要条件。曹文敬（2017）基于煤矿实际的安全生产管理现状，对煤矿员工不安全行为的传播问题进行系统性研究，构建相关结构方程模型，得出影响煤矿员工不安全行为传播的因素主要分为内在因素与外在因素两种。田水承等（2019）基于社会网络理论及 SIR 传播模型，由可视化仿真得出煤矿员工不安全行为传播的影响因素包括个体间的沟通与接触、安全检查周期与培训教育程度，并提出相应建议以控制不安全行为的传播。杜文哲（2019）针对煤矿生产员工与安全监管两个重要对象建立了演化博弈模型，得出煤矿员工不安全行为传播的影响因素包括个体因素、工作任务与管理因素。何建佳等（2018）针对时间侵占行为在复杂网络上的传播问题，基于基本SIR 传染病模型，提出了一种考虑自发感染率和外部组织环境因素的时间侵占行为传播模型，研究表明在一定范围内，压力越小，员工发生时间侵占行为的概率越大，传播过程也越快。张明阳（2018）从社会网络视角对煤矿员工不安全行为传播的驱动因素进行探索和分析，将影响个体行为决策的社会网络特征分为关系维度与结构维度两部分，进一步提出直接受益效应是煤矿员工不安全行为产生和传播的主要原因。熊亚超等（2019）利用逐步回归法对问卷调查数据进行验证，得出煤矿员工社会网络的凝聚子群、网络密度及网络中心度三个维度通过人际信任的完全中介效应影响不安全行为的传播，关系强度、关系非对称性、网络规模和结构洞四个变量通过人际信任的部分中介效应影响不安全行为的传播。张江石等（2021）通过设计量表并运用结构方程模型进行验证，得出个体行为态度受物理环境、工作性质、生活事件、安全氛围的影响，当个体认为实施某项行为后会带来比较好的预期时，就会对这一行为产生正向的、积极的态度，从而影响行为。陈洋（2020）认为煤矿企业中的一线矿工存在不安全羊群行为，挖掘出煤矿一线员工不安全羊群行为的主要驱动因素包括个人特质、恢复水平、工作素养、任务与人际关系、群体不安全氛围、工作要求、组织监管及人口学变量。

14.2.2　安全行为传播影响因素分析

1. 促进因素

1）安全氛围

安全氛围是指个体所处环境中的安全管理情况，主要包括安全教育管理、安全管理制度、安全文化培养水平、安全投入等方面。积极的安全氛围能为个体的工作、生活提供良好的安全感受。安全教育管理越专业、安全管理制度越科学、安全文化培养水平越高、安全投入越大，带来的安全氛围越浓厚。个体处于一个安全氛围很浓厚的环境中，安全意识随之提高，进而能够控制和约束自己的行为，避免个体自身产生危机行为，也减少对他人危机行为的模仿，从而减少危机行为的传播。

2）个体安全素养

个体安全素养主要包括个体的安全意识、安全知识水平和安全态度。安全意识是指个体对危机行为所含危险性的认知程度及对危机行为的处理方式和能力。当个体的安全素养较低时，无法正确认识到危机行为可能带来的危害，对于危机行为的产生抱有侥幸或者无所谓的心理，很大程度上会学习和复制他人的危机行为，造成危机行为的传播。然而，当个体的安全素养较高时，可以判断行为的危险系数，主动放弃产生或效仿危机行为，选择正确的行为方式，甚至阻止其他个体的危机行为，排查暗含的危机隐患，使危机行为无法完成进一步传播。

3）个体处罚完善制度

个体处罚完善制度是指个体单位对于危机行为的发生制定的相关管理制度，在企业中比较常见。制造企业中的车间生产工人、操作工等企业生产员工的平均学历普遍偏低，并在一定程度上缺乏安全意识和安全知识，在很多实际情况中，他们工作的主要动机或是为了完成任务，或是为了谋生，从而降低了对职业安全健康的需求，或是在生产过程中为节省体力和时间花费而片面追求产量，尽快完成任务以获得额外收益，甘愿冒险而忽略危险发生的可能性，在避免风险而产生安全行为和获取更多利益之间做出错误的选择，从而造成了危机行为的产生。当个体发生危机行为时，企业对产生危机行为个体的处罚制度越完善、处理过程越严格，其他个体越会因为害怕受到相应的惩罚而加强自身行为约束力，放弃对危机行为的模仿，达到阻止危机行为传播的目的。

2. 催化因素

1）关键人物

关键人物是指在团体中能够对其他成员思想或行为产生影响的人。关键人物一般有较好的人际关系、在领域内具有一定的权威性，所以当关键人物发生某些行为时，带给其他个体的影响冲击比较大，被效仿、复制的概率也会增加，能够提高行为传播的可能性。反之，当关键人物对行为个体进行安全教育时，由于其他人对关键人物的依赖，关键人物的观点容易被接受、说服力更强，从而抑制行为的传播。

2）群体关系

人们在日常生活工作中会产生从众心理，会与关系密切的同伴做出相同的选择和决定。因此，当群体中成员之间的关系比较密切时，整个群体的行为方式、价值观念、工作态度会逐渐趋于一致，且彼此之间的信任程度很高。当联系很紧密的群体中的成员发生行为或对其他成员进行诱导时，便会极大提高行为传播的可能性。反之，当群体中成员对行为进行批评指正时，为了保持与大家的一致性和同步性，其便会放弃对行为的效仿，阻止行为进一步传播。

3. 抑制因素

1）任务复杂程度

任务复杂程度是指布置给个体的任务过于复杂或任务量过于庞大，超出个体承受能力。例如，企业生产过程中，为了提高生产量，忽视员工身体健康和心理状况，延长工作时长，安排其从事高负荷的生产工作，一旦超出个体的承受能力，就会容易引发危机行为的产生和传播。

2）个体压力

个体压力是指个体日常生活中产生的情感、经济、学习、工作等其他方面的压力。适当的压力可以促进行为效率的提高，过度的压力则会适得其反，引发一系列不正常的心理问题和行为问题等，危机行为就是其中之一。当个体处于过度压力状态时，其对危机行为的效仿心理也就更加严重。因此，过度的压力不利于身心健康的发展，容易导致危机行为的产生与传播。

14.3　研　究　展　望

　　无论是家庭还是社会生活，安全一直都是永恒的话题。而在安全这个巨大的系统中，人无疑占据了最核心的地位，而且是最难管理的要素。人的行为安全是家庭和睦的重要组成部分，也是社会安全的关键。本书为了研究个体的危机行为，研究团队从系统角度出发，以大学生团体与企业员工团体为研究对象，对引发不安全行为的影响因素进行了深入的研究，并通过仿真软件对各影响因素进行了仿真分析，据此提出了一系列的对策建议，但还是存在一定程度的不足，有待进一步的研究。

　　上述研究只是针对个体危机行为发生的过程，是在众多学者研究的基础上进行的更深入探讨，对个体危机行为的发生提出相应的措施。然而，人作为群居性动物，生活在互相交织的网络中，无法与外界脱离联系，因此，危机行为的研究不能单单关注个体危机行为的产生，同时应该关注危机行为的进一步传播，这将是今后的研究重点。

参 考 文 献

安景文，吴竹南，殷睿超. 2018. 基于 FUZZY-DEMATEL 的探索性企业质量文化建设测评体系构建[J]. 数学的实践与认识，48（7）：63-73.

安静，万文海. 2014. 诚信领导对员工工作繁荣作用的实证研究：心理安全感的中介作用[J]. 科技与经济，27（5）：75-79.

曹庆仁，李爽，宋学锋. 2007. 煤矿员工的"知-能-行"不安全行为模式研究[J]. 中国安全科学学报，17（12）：19-25.

曹文敬. 2017. 基于复杂网络的煤矿员工不安全行为传播与控制[D]. 徐州：中国矿业大学.

陈刚. 2016. 劳动力迁移、亲子分离与青少年犯罪[J]. 青年研究，（2）：1-10，94.

陈洋. 2020. 煤矿员工不安全羊群行为驱动机理及管控研究[D]. 徐州：中国矿业大学.

陈玉梅，陈珊珊. 2017. 自媒体在高校学生心理危机干预中的作用[J]. 高教探索，（8）：112-116.

成家磊，祁神军，张云波. 2017. 组织氛围对建筑工人不安全行为的影响机理及实证研究[J]. 中国安全生产科学技术，13（11）：11-16.

程慧平，彭琦. 2019. 个人云存储服务的技术安全风险关键影响因素识别与分析[J]. 图书情报工作，63（16）：43-53.

程铁军，冯兰萍. 2018. 大数据背景下我国食品安全风险预警因素研究[J]. 科技管理研究，38（17）：175-181.

邓倩玉，王宇奇. 2020. 能力视角下我国原油供应链弹性影响因素研究[J]. 科技与管理，22（2）：32-42.

丁冬. 2015. 浅谈机械制造企业生产现场的安全管理[J]. 科技视界，（24）：250-251.

丁子恩，王笑涵，刘勤学. 2018. 大学生自尊与网络过激行为的关系：社交焦虑和双自我意识的作用[J]. 心理发展与教育，34（2）：171-180.

杜文哲. 2019. 基于多主体仿真的矿工不安全行为传播演化研究[D]. 西安：西安建筑科技大学.

杜莹. 2016. 大学生心理健康评价模型[J]. 林区教学，（12）：75-77.

冯长利，赵常宁，刘丹等. 2016. 供应链企业间知识创造影响因素 Fuzzy DEMATEL 分析[J]. 科学学研究，34（5）：734-743.

冯永春，周光. 2015. 领导包容对员工创造行为的影响机理研究——基于心理安全视角的分析[J]. 研究与发展管理，27（3）：73-82.

傅贵，李亚，王秀明. 2017. 基于 24Model 的制造业企业安全管理模式架构[J]. 中国安全科学学报，27（10）：117-122.

甘霖. 2013. 大学生心理危机干预网络的优化研究[J]. 中国高教研究，（10）：94-98.

高雯，董成文，窦广波，等. 2017. 心理危机干预的任务模型[J]. 中国心理卫生杂志，31（1）：89-93.

公建祥, 殷文韬, 傅贵. 2016. 煤矿事故预防个人行为控制方法研究[J]. 煤炭工程, 48 (2): 145-148.

宫运华, 王镇. 2014. 大学生不安全行为形成机理研究[J]. 中国安全科学学报, 24 (10): 3-7.

郭琦, 付继业, 陈志鼎. 2016. 基于 Fuzzy-DEMATEL 的水电项目隐性成本影响因素分析[J]. 水电能源科学, 34 (5): 172-175.

郭淑兴, 王媛媛. 2015. 浅谈煤机装备制造企业的安全生产管理[J]. 装备制造技术, (9): 236-237.

郭顺利, 张向先, 李昆. 2017. 基于模糊综合评价的高校图书馆学科服务团队绩效评价研究[J]. 现代情报, 37 (4): 95-102, 123.

韩豫, 梅强, 刘素霞, 等. 2015. 建筑工人习惯性不安全行为形成过程及其影响因素[J]. 中国安全科学学报, 25 (8): 29-35.

韩豫, 梅强, 周丹, 等. 2016. 群体封闭性视角下的建筑工人不安全行为传播特性[J]. 中国安全生产科学技术, 12 (3): 187-192.

何刚, 乔国通, 曹华亮, 等. 2013. 煤炭企业员工安全行为水平量化研究[J]. 中国安全科学学报, 23 (4): 57-62.

何回钻. 2019. 基于 ANP 的道路施工企业一线员工不安全行为影响因素研究[J]. 企业改革与管理, (9): 69-70.

何建佳, 刘举胜, 徐福缘, 等. 2018. 基于 SIR 模型的时间侵占行为传播动力学建模与仿真[J]. 计算机应用研究, 35 (5): 1360-1364.

洪锐锋. 2011. 接受心理咨询的求助者对心理咨询的态度研究[J]. 中国健康心理学杂志, 19 (9): 1138-1140.

洪宇翔. 2017. 借助传播视角提升大学生公共安全意识[J]. 中国高等教育, (Z2): 73-74.

侯艳芳, 秦悦涵. 2019. 犯罪学视角下校园暴力的预防与处理[J]. 法学论坛, 34 (5): 87-95.

胡义秋, 刘正华. 2019. 抑郁大学生心理健康的干预研究: 不同类型学校支持的差异化影响[J]. 湖南师范大学教育科学学报, 18 (5): 120-125.

霍明奎, 竺佳琪. 2019. 大学生群体网络不安全行为传播过程及影响因素研究[J]. 长春理工大学学报 (社会科学版), 32 (6): 58-63.

姜兰, 刘雅琴, 孙佳. 2019. 机场安检员工作压力与不安全行为关系研究[J]. 中国安全科学学报, 29 (4): 13-18.

金童林, 乌云特娜, 张璐, 等. 2020. 社会逆境感知对大学生攻击行为的影响: 反刍思维与领悟社会支持的作用[J]. 心理发展与教育, 36 (4): 414-421.

荆瑶, 王娟茹. 2014. 基于 Fuzzy-DEMATEL 的回任人员知识转移影响因素研究[J]. 哈尔滨商业大学学报 (社会科学版), (5): 80-88.

居婕, 杨高升, 杨鹏. 2013. 建筑工人不安全行为影响因子分析及控制措施研究[J]. 中国安全生产科学技术, 9 (11): 179-184.

兰国辉, 陈亚树, 何刚, 等. 2017. 矿井环境对员工不安全行为的影响研究[J]. 工业安全与环保, 43 (8): 43-46.

黎继子, 黄香宁, 龚璐凝, 等. 2019. 基于 Fuzzy-Dematel 算法下新产品开发的众包供应链风险分析[J]. 科技管理研究, 39 (4): 228-235.

李芳霞. 2017. 校园欺凌行为状况调查及干预策略研究[J]. 宁夏社会科学，(3)：133-136.

李峰. 2011. 价值观视阈下的大学生心理危机及其干预[J]. 理论导刊，(2)：100-102.

李华. 2019. 建筑工人不安全行为的群体影响因素分析及其机理研究[D]. 西安：长安大学.

李焕. 2015. 情绪与矿工不安全行为关系实验研究[D]. 西安：西安科技大学.

李磊. 2016. 煤炭企业员工不安全行为影响因素重要度研究[J]. 技术与创新管理，37 (4)：397-400.

李乃文，秋敏. 2010. 矿工不安全心理的结构和测量[J]. 心理学探新，30 (3)：91-96.

李乃文，张文文，牛莉霞. 2019. 领导非权变惩罚对矿工不安全行为的影响研究[J]. 中国安全科学学报，29 (12)：1-6.

李小新，任志洪，胡小勇，等. 2019. 低家庭社会阶层大学生为何更容易社交焦虑？：心理社会资源和拒绝敏感性的多重中介作用[J]. 心理科学，42 (6)：1354-1360.

李孝应，魏顺，顾建平. 2014. 组织内社会资本、心理安全感与员工沉默行为关系研究[J]. 商业时代，(36)：93-95.

李迎迎，王娟，郑春厚. 2014. 高校图书馆数字资源服务评价指标体系构建[J]. 情报杂志，33 (3)：192-197，142.

李永升，吴卫. 2019. 校园欺凌的犯罪学理论分析与防控策略：以我国近 3 年 100 件网络新闻报道为研究样本[J]. 山东大学学报（哲学社会科学版），(1)：65-74.

李志河，潘霞，刘芷秀，等. 2019. 教育信息化 2.0 视域下高等教育信息化发展水平评价研究[J]. 远程教育杂志，37 (6)：81-90.

栗继祖. 2006. 心理选拔技术在煤矿安全管理中的研究与应用[J]. 山西高等学校社会科学学报，18 (3)：92-94.

栗继祖，康立勋. 2004. 煤矿安全从业人员心理测试指标体系研究[J]. 安全与环境学报，(6)：77-79.

栗继祖，康立勋，周至立，等. 2004. 煤矿安全从业人员心理测评研究[J]. 中国安全科学学报，(3)：11-14，1.

梁振东，刘海滨. 2013. 个体特征因素对不安全行为影响的 SEM 研究[J]. 中国安全科学学报，23 (2)：27-33.

林汉文，宋贝，陈晓丽，等. 2019. 大学生心理危机行为特征的质性研究[J]. 教育现代化，6 (72)：245-247.

刘斌，金涛. 2018. 基于回归方法的大学生健康信息素养问题探讨[J]. 科技经济导刊，26 (36)：138，173.

刘承水，刘国林. 2004. 矿工安全心理状态评价研究[J]. 煤炭科学技术，7 (7)：65-67.

刘海滨，梁振东. 2012. 基于 SEM 模型的不安全行为与其意向关系的研究[J]. 中国安全科学学报，22 (2)：24-29.

刘鑫，黄强，宋守信. 2009. 电力运行人员心理疲劳的心理因素分析[J]. 中国高新技术企业，(17)：73.

刘轶松. 2005. 安全管理中人的不安全行为的探讨[J]. 西部探矿工程，(109)：226-228.

刘宇，何静，石杰红. 2020. 地铁列车驾驶员不安全行为组合干预策略研究[J]. 中国安全生产科学技术，16 (7)：157-162.

卢新元，王康泰，胡静思，等. 2017. 基于 Fuzzy-DEMATEL 法的众包模式下用户参与行为影响因素分析[J]. 管理评论，29（8）：101-109.

栾海清. 2016. 大学生心理自助能力形成路径及培养机制研究[J]. 江苏高教，（4）：119-122.

罗新玉，陈睿，高鑫，等. 2012. 抑郁情绪大学生反应抑制的眼动特点[J]. 心理科学，35（6）：1289-1293.

骆莎. 2020. 论大学生心理危机干预的现代转型[J]. 思想理论教育，（1）：107-111.

马杰. 2017. 水运工程施工作业人员本质安全化探讨[J]. 建筑安全，32（4）：29-32.

马琳，吕永卫. 2020. 有感领导对不同文化程度的矿工群体不安全行为影响研究[J]. 煤矿安全，51（3）：243-246.

马彦廷. 2010. 煤矿员工故意性不安全行为心理分析及管控对策[J]. 神华科技，8（3）：10-13, 29.

满慎刚，李贤功，胡婷. 2017. 基于中和技术的矿工不安全行为实证研究[J]. 中国矿业大学学报，46（2）：430-436.

倪林英. 2012. 大学生攻击行为影响因素路径分析[J]. 中国学校卫生，33（8）：953-955.

牛洪艳，王培席，周新明. 2011. 河南省某高校大学生攻击行为影响因素的通径分析[J]. 卫生研究，40（6）：781-783.

祁神军，姚明亮，成家磊，等. 2018. 安全激励对具从众动机的建筑工人不安全行为的干预作用[J]. 中国安全生产科学技术，14（12）：186-192.

邱文教，赵光，雷威. 2016. 基于层次分析法的高校探究式课堂教学评价指标体系构建[J]. 高等工程教育研究，（6）：138-143.

仇国芳，鱼馨水. 2019. 基于粗糙集的建筑工人安全认知提升策略研究[J]. 工业工程与管理，24（4）：120-127.

阮扬，乔建江. 2013. 人的不安全行为相关理论[D]. 上海：华东理工大学.

石娟，常丁懿，郑鹏. 2022. 基于 BP 神经网络的建筑工人不安全行为预警模型[J]. 中国安全科学学报，32（1）：27-33.

石娟，王倩，刘珍. 2016. 基于 ISM 的大学生生命危机行为产生的影响因素分析[J]. 中国青年研究，（2）：72-77.

石娟，郑鹏，常丁懿. 2021. 大数据环境下的城市公共安全治理：区块链技术赋能[J]. 中国安全科学学报，31（2）：24-32.

石娟，郑鹏，徐凌峰，等. 2019. 小世界网络中的大学生危机行为传播仿真研究[J]. 中国安全科学学报，29（12）：21-27.

隋立军，武春友，卢小丽. 2018. 绿色养老社区建设的影响因素识别与分析[J]. 科技与管理，20（2）：99-105.

覃国锐. 2009. 高校校园网络安全管理存在的问题及对策[J]. 柳州师专学报，24（2）：116-118.

陶希东. 2015. 预防青少年犯罪：香港经验及其启示[J]. 当代青年研究，（4）：114-119.

田水承，董威松，沈小清，等. 2019. 基于 Netlogo 的矿工不安全行为传播仿真研究[J]. 安全与环境学报，19（6）：2016-2022.

田水承，孔维静，况云，等. 2018. 矿工心理因素、工作压力反应和不安全行为关系研究[J]. 中国安全生产科学技术, 14 (8): 106-111.

田水承, 杨鹏飞, 李磊, 等. 2016. 矿工不良情绪影响因素及干预对策研究[J]. 矿业安全与环保, 43 (6): 99-102.

田水承, 张德桃. 2019. 高温联合噪声对矿工不安全行为的影响研究[J]. 煤矿安全, 50 (2): 241-244.

佟瑞鹏, 杜志托, 杨校毅, 等. 2016. 石化行业人员不安全行为影响因素实证分析[J]. 中国安全科学学报, 26 (3): 34-39.

汪刘菲, 谢振安, 王新林, 等. 2016. 基于 PA-LV 的领导方式对矿工不安全行为影响研究[J]. 安徽理工大学学报 (社会科学版), 18 (3): 58-61.

王丹, 关莹, 贾倩. 2018. 基于社会网络分析的建筑工人不安全行为传播路径研究[J]. 中国安全生产科学技术, 14 (9): 180-186.

王凤仙, 李亮. 2020. 大学生短视频分享的形态、风险与应对策略[J]. 思想理论教育, (11): 92-97.

王家坤, 王新华, 王晨. 2018. 基于工作满意度的煤矿员工不安全行为研究[J]. 中国安全科学学报, 28 (11): 14-20.

王静, 曾琳, 高娜. 2015. 基于 Fuzzy DEMATEL 方法的农产品供应链风险影响因素分析[J]. 河北企业, (3): 37-38.

王林秀, 郭彬, 姚伟坤. 2018. 基于 Fuzzy-DEMATEL 的养老地产平台网络效应激发路径构建[J]. 科技进步与对策, 35 (24): 127-133.

王明忠, 范翠英, 周宗奎, 等. 2014. 父母冲突影响青少年抑郁和社交焦虑: 基于认知-情境理论和情绪安全感理论[J]. 心理学报, 46 (1): 90-100.

王倩. 2017. 中小企业员工安全生产行为影响因素及防控对策研究[D]. 天津: 天津理工大学.

王晓莉, 吴林海, 童霞. 2014. 我国工业企业低碳生产意愿的关键影响因素研究[J]. 软科学, 28 (8): 94-97.

王肖. 2021. 大学生短视频热现象的原因分析、潜在风险及应对策略[J]. 思想理论教育, (1): 93-97.

王叶梅, 陈传灿. 2020. 基于微课的大学生心理健康教育翻转课堂教学效果评估及建模[J]. 吉林广播电视大学学报, (3): 39-42.

王中明, 范翠英, 周宗奎, 等. 2014. 父母冲突影响青少年抑郁和社交焦虑: 基于认知情境理论和情绪安全感理论[J]. 心理学报, (46): 90-100.

温忠麟, 叶宝娟. 2014. 有调节的中介模型检验方法: 竞争还是替补?[J]. 心理学报, 46 (5): 714-726.

吴晓薇, 黄玲, 何晓琴, 等. 2015. 大学生社交焦虑与攻击、抑郁: 情绪调节自我效能感的中介作用[J]. 中国临床心理学杂志, 23 (5): 4.

武予鲁. 2009. 煤矿本质安全管理[M]. 北京: 化学工业出版社.

夏立新, 孙丹霞, 王忠义. 2015. 网络环境下数字图书馆知识服务用户满意度评价指标体系构建[J]. 图书馆杂志, 34 (3): 27-34.

谢茜, 蔡楠峰, 周晨. 2018. 基于 Fuzzy DEMATEL 的军民融合后勤保障制约因素研究[J]. 国防科技, 39 (1): 9-16.

谢志平, 周爱华. 2018. 论不安全行为管理在安全管理工作中的重要性[J]. 石化技术, 25 (6): 291.

熊亚超，祁慧，李泽荃，等.2019. 基于网络特征的煤矿职工不安全行为扩散研究[J]. 煤炭工程，51（9）：187-191.

徐瑞，申建军，潘瑶.2019. 基于层次分析法的矿工不安全行为影响因素及其权重研究[J]. 山东煤炭科技，（5）：222-224.

许正权，张妮，王华清，等.2014. 矿工不安全行为的网络传播性分析[J]. 科技进步与对策，31（11）：54-56.

宣越.2019. 基于行为安全"2-4"模型的烟草企业员工不安全行为的研究[D]. 镇江：江苏大学.

薛韦一，刘泽功.2014. 组织管理因素对矿工不安全心理行为影响的调查研究[J]. 中国安全生产科学技术，10（3）：184-190.

闫琼，张海军.2020. 高校创新创业教育质量评价研究[J]. 管理工程师，25（3）：67-73.

杨佳丽，栗继祖，冯国瑞，等.2016. 矿工不安全行为意向影响因素仿真研究与应用[J]. 中国安全科学学报，26（7）：46-51.

杨洁.2016. 民航维修人员不安全行为影响因素实证研究[D]. 天津：中国民航大学.

杨雪莉，曹志梅.2015. 基于 Fuzzy-DEMATEL 的高校图书馆质量评价指标权值算法研究[J]. 情报探索，（9）：1-4.

杨振宏，丁光灿，张涛，等. 2018. 基于 SEM 的建筑工人不安全行为传播影响因素研究[J]. 安全与环境学报，18（3）：987-992.

姚斌.2019. 新时代背景下"医校结合"高校心理健康服务体系建设[J]. 思想理论教育，（5）：90-94.

叶贵，段帅亮，汪红霞.2015. 建筑工人不安全行为致因研究[J]. 中国安全生产科学技术，11（2）：170-177.

叶贵，越宏哲，杨晶晶，等.2019. 建筑工人认知水平对不安全行为影响仿真研究[J]. 中国安全科学学报，29（9）：36-42.

叶新凤，李新春，王智宁.2014. 安全氛围对员工安全行为的影响：心理资本中介作用的实证研究[J]. 软科学，28（1）：86-90.

阴东玲，陈兆波，曾建潮，等.2015. 煤矿作业人员不安全行为的影响因素分析[J]. 中国安全科学学报，25（12）：151-156.

袁翠松，倪林英，程海水.2014. 高职学生攻击行为指标量化探究：基于人才培养模式的思考[J]. 职教论坛，（2）：30-32.

臧刚顺.2012. 交往越轨同伴对青少年犯罪的影响[J]. 心理科学进展，20（4）：552-560.

詹姆斯.2013. 心理学原理[M]. 北京：北京大学出版社.

张超，梅强，吴刚.2014. 机械制造企业安全文化对员工安全行为的影响研究[J]. 工业安全与环保，40（7）：43-46.

张江石，吴悠，郭金山，等.2021. 煤矿环境对矿工个体行为的影响机制研究[J]. 安全与环境学报，21（2）：7.

张明阳.2018. 社会网络视角下煤矿职工不安全行为扩散的驱动因素与管理研究[D]. 徐州：中国矿业大学.

张玮，张茜. 2015. 企业基层员工心理安全感与沉默行为的关系[J]. 经营与管理，（9）：138-140.

赵宝宝，金灿灿，吴玉婷. 2018. 家庭功能对青少年网络欺凌的影响：链式中介效应分析[J]. 中国临床心理学杂志，26（6）：1146-1151.

郑莹. 2008. 煤矿员工不安全行为的心理因素分析及对策研究[D]. 唐山：河北理工大学.

周丹. 2015. 建筑工人不安全行为的传播特性与机理研究[D]. 镇江：江苏大学.

周婧. 2010. 社会上的心理咨询服务现状与对策研究[D]. 重庆：西南大学.

朱红青，张青松，谭波，等. 2007. 安全心理学在煤矿安全管理中的应用分析[J]. 矿业安全与环保，（3）：77-79.

朱黎君，叶宝娟，倪林英. 2020. 社会排斥对大学生网络偏差行为的影响：社交焦虑的中介作用与网络消极情绪体验的调节作用[J]. 中国特殊教育，（1）：79-83，96.

朱艳娜，何刚，张贵生，等. 2017. 煤矿人因事故不安全行为关联分析[J]. 工业安全与环保，43（4）：32-35.

Agnew R. 1992. Foundation for a general strain theory of crime and delinquency[J]. Criminology, 30（1）：47-88.

Aguilar S M M. 2014. Variables of suicidal behavior in tenerife years 2011-2012：Proposals for the prevention[J]. Forensic Medicine and Anatomy Research，（2）：37-41.

Ajslev J，Dastjerdi E L，Dyreborg J，et al. 2017. Safety climate and accidents at work：Cross-sectional study among 15,000 workers of the general working population[J]. Safety Science，91：320-325.

Akyuz E. 2017. A marine accident analysing model to evaluate potential operational causes in cargo ships[J]. Safety Science，92：17-25.

Alavi S S，Mohammadi M R，Souri H，et al. 2017. Personality，driving behavior and mental disorders factors as predictors of road traffic accidents based on logistic regression[J]. Iranian Journal of Medical Sciences，42（1）：24-31.

Alemu A，Feyissa T，Tuberosa R，et al. 2020. Genome-wide association mapping for grain shape and color traits in Ethiopian durum wheat (Triticum turgidum ssp. durum)[J]. The Crop Journal，8（5）：757-768.

Asarnow J R，Hughes J L，Babeva K N，et al. 2017. Cognitive-behavioral family treatment for suicide attempt prevention：A randomized controlled trial[J]. Journal of the American Academy of Child & Adolescent Psychiatry，56（6）：506-514.

Asilian-Mahabadi H，Khosravi Y，Hassanzadeh-Rangi N. 2018. A qualitative investigation of factors influencing unsafe work behaviors on construction projects[J]. Work，61（2）：281-293.

Aulin R，Ek Å，Edling C. 2019. Underlying causes for risk taking behaviour among construction workers[J]. 10th Nordic Conference on Construction Economics and Organization：2516-2853.

Azadeh A，Mohammadfam I. 2009. The evaluation of importance of safety behaviors in a steel manufacturer by entropy[J]. Journal of Research in Health Sciences，9（2）：10-18.

Barnes K，Brynard S，de Wet C. 2012. The influence of school culture and school climate on violence in schools of the Eastern Cape Province[J]. South African Journal of Education，32（1）：69-82.

Berridge J. 1990. The eap-employee counselling comes of age[J]. Employee Counselling Today, 2 (4): 13-17.

Binelli C, Ortiz A, Muñiz A, et al. 2012. Social anxiety and negative early life events in university students[J]. Brazilian Journal of Psychiatry, 34: 69-74.

Boldrini M, Underwood M D, Mann J J, et al. 2005. More tryptophan hydroxylase in the brainstem dorsal raphe nucleus in depressed suicides[J]. Brain Research, 1041 (1): 19-28.

Carmeli A, Reiterpalmon R, Ziv E, et al. 2010. Inclusive leadership and employee involvement in creative tasks in the workplace: The mediating role of psychological safety[J]. Creativity Research Journal, 22 (3): 250-260.

Choi C, Hums M A, Bum C H. 2018. Impact of the family environment on juvenile mental health: eSports online game addiction and delinquency[J]. International Journal of Environmental Research and Public Health, 15 (12): 2850.

Chung Y R, Hong J W, Kim B B, et al. 2020. ADHD, suicidal ideation, depression, anxiety, self-esteem, and alcohol problem in Korean juvenile delinquency[J]. Medicine, 99 (11): e19423.

Darke S, Ross J. 2001. The relationship between suicide and heroin overdose among methadone maintenance patients in Sydney, Australia[J]. Addiction, 96 (10): 1443-1453.

de Wet C. 2010. The reasons for and the impact of principal-on-teacher bullying on the victims' private and professional lives[J]. Teaching and Teacher Education, 26 (7): 1450-1459.

DePasquale C E, Parenteau A, Kenney M, et al. 2020. Brief stress reduction strategies associated with better behavioral climate in a crisis nursery: A pilot study[J]. Children and Youth Services Review, 110: 104813.

Ellis T E, Newman C F. 1996. Choosing to Live: How to Defeat Suicide Through Cognitive Therapy[M]. Oakland: New Harbinger Publications, Inc.

Eshun S. 2003. Sociocultural determinants of suicide ideation: A comparison between American and Ghanaian college samples[J]. Suicide and Life-Threatening Behavior, 33 (2): 165-171.

Fernández-Muñiz B, Montes-Peón J M, Vázquez-Ordás C J. 2017. The role of safety leadership and working conditions in safety performance in process industries[J]. Journal of Loss Prevention in the Process Industries, 50: 403-415.

Fofana N K, Latif F, Sarfraz S, et al. 2020. Fear and agony of the pandemic leading to stress and mental illness: An emerging crisis in the novel coronavirus (COVID-19) outbreak[J]. Psychiatry Research, 291: 113230.

Frodl T, Meisenzahl E, Zetzsche T, et al. 2002. Enlargement of the amygdala in patients with a first episode of major depression[J]. Biological Psychiatry, 51 (9): 708-714.

Ganpo-Nkwenkwa N S, Wakeman D S, Pierson L, et al. 2022. Long-term functional, psychological, emotional, and social outcomes in pediatric victims of violence[J]. Journal of Pediatric Surgery: 0022-3468.

Ganson K T, Lisi N E, O'Connor J, et al. 2022. Association between binge eating and physical violence perpetration among U.S. college students[J]. Journal of Eating Disorders，10（1）：1-6.

Ganson K T，O'Connor J，Nagata J M，et al. 2021. Association between psychological flexibility and physical violence perpetration in college student populations：Results from the national Healthy Minds Study[J]. Journal of American College Health：1-5.

Goodwill J R，Zhou S. 2019. Association between perceived public stigma and suicidal behaviors among college students of color in the US[J]. Journal of Affective Disorders，262：1-7.

Hall W D，Patton G，Stockings E，et al. 2016. Why young people's substance use matters for global health[J]. Lancet Psychiatry，3（3）：265-279.

Harrer M，Adam S H，Fleischmann R J，et al. 2018. Effectiveness of an Internet-and App-based intervention for college students with elevated stress：Randomized controlled trial[J]. Journal of Medical Internet Research，20（4）：e9293.

Hatzenbuehler M L，Flores J E，Cavanaugh J E，et al. 2017. Anti-bullying policies and disparities in bullying：A state-level analysis[J]. American Journal of Preventive Medicine，53（2）：184-191.

Hjelmeland H，Akotia C S，Owens V，et al. 2008. Self-reported suicidal behavior and attitudes toward suicide and suicide prevention among psychology students in Ghana，Uganda，and Norway[J]. Research Trends，（1）：20-31.

Hoare E，Milton K，Foster C，et al. 2016. The associations between sedentary behaviour and mental health among adolescents：A systematic review[J]. International Journal of Behavioral Nutrition and Physical Activity，13（1）：108.

Holt-Lunstad J，Smith T B，Baker M，et al. 2015. Loneliness and social isolation as risk factors for mortality：A meta-analytic review[J]. Perspectives on Psychological Science，10（2）：227-237.

Huang H W，Chen J L，Wang R H. 2018. Factors associated with peer victimization among adolescents in Taiwan[J]. Journal of Nursing Research，26（1）：52-59.

Iravani M R. 2012. A social work study on juvenile delinquency[J]. Management Science Letters，2（4）：1403-1408.

Joiner Jr T E，Brown J S，Wingate L R R. 2005. The psychology and neurobiology of suicidal behavior[J]. Annual Review of Psychology，56：287-314.

Kao K Y，Spitzmueller C，Cigularov K，et al. 2016. Linking insomnia to workplace injuries：A moderated mediation model of supervisor safety priority and safety behavior[J]. Journal of A Occupational Health Psychology，21（1）：91-104.

Khosravi Y，Asilian-Mahabadi H，Hajizadeh E，et al. 2013. Modeling the factors affecting unsafe behavior in the construction industry from safety supervisors' perspective[J]. Journal of Research in Health Sciences，14（1）：29-35.

Kim H J，Cameron G T. 2011. Emotions matter in crisis：The role of anger and sadness in the publics' response to crisis news framing and corporate crisis response[J]. Communication Research，38（6）：826-855.

Kines P，Andersen D，Andersen L P，et al. 2013. Improving safety in small enterprises through an integrated safety management intervention[J]. Journal of Safety Research, 44: 87-95.

King C A, Arango A, Kramer A, et al. 2019. Association of the youth-nominated support team intervention for suicidal adolescents with 11-to 14-year mortality outcomes: Secondary analysis of a randomized clinical trial[J]. JAMA Psychiatry, 76 (5): 492-498.

Leung M Y, Liang Q, Olomolaiye P. 2015. Impact of job stressors and stress on the safety behavior and accidents of construction workers[J]. Journal of Management in Engineering, 32 (1): 04015019.

Li H, Di H, Tian S, et al. 2015. The research on the impact of management level's charismatic leadership style on miners' unsafe behavior[J]. The Open Biomedical Engineering Journal, 9 (1): 244-249.

Li S, Wang Y, Liu Q. 2013. A model of unsafe behavior in coal mines based on game theory[J]. International Journal of Mining Science and Technology, 23 (1): 99-103.

Li Z, Lv X F, Zhu H M, et al. 2018. Analysis of complexity of unsafe behavior in construction teams and a multiagent simulation[J]. Complexity: 1-15.

Mars B, Heron J, Klonsky E D, et al. 2019. Predictors of future suicide attempt among adolescents with suicidal thoughts or non-suicidal self-harm: A population-based birth cohort study[J]. The Lancet Psychiatry, 6 (4): 327-337.

Martin J, Butler M, Muldowney A, et al. 2019. Impacts of regulatory processes on the experiences of carers of people in LGBTQ communities living with mental illness or experiencing a mental health crisis[J]. Social Science & Medicine, 230: 30-36.

McKinnon B, Gariépy G, Sentenac M, et al. 2016. Adolescent suicidal behaviours in 32 low-and middle-income countries[J]. Bulletin of the World Health Organization, 94 (5): 340.

McLafferty M, Ross J, Waterhouse-Bradley B, et al. 2019. Childhood adversities and psychopathology among military veterans in the US: The mediating role of social networks[J]. Journal of Anxiety Disorders, 65: 47-55.

Minahan J, Rappaport N. 2013. Anxiety in students a hidden culprit in behavior issues[J]. Phi Delta Kappan, 94 (4): 34-39.

Misawa R, Inadomi K, Yamaguchi H. 2006. Psychological factors contributing to unsafe behavior in train drivers[J]. Shinrigaku Kenkyu: The Japanese Journal of Psychology, 77 (2): 132-140.

Mohammad T, Nooraini I. 2021. Routine activity theory and juvenile delinquency: The roles of peers and family monitoring among Malaysian adolescents[J]. Children and Youth Services Review, 121: 105795.

Morrow S L, McGonagle A K, Dove-Steinkamp M L, et al. 2010. Relationships between psychological safety climate facets and safety behavior in the rail industry: A dominance analysis[J]. Accident Analysis & Prevention, 42(5): 1460-1467.

Muhlert N, Lawrence A D. 2015. Brain structure correlates of emotion-based rash impulsivity[J]. NeuroImage, 115: 138-146.

Nævestad T O，Phillips R O，Størkersen K V，et al. 2019. Safety culture in maritime transport in Norway and Greece：Exploring national，sectorial and organizational influences on unsafe behaviours and work accidents[J]. Marine Policy，99：1-13.

Niolon P H，Vivolo-Kantor A M，Tracy A J，et al. 2019. An RCT of dating matters：Effects on teen dating violence and relationship behaviors[J]. American Journal of Preventive Medicine，57（1）：13-23.

Nnaji C O. 2015. Analysis of suicide[J]. Open Journal of Philosophy，（5）：163-170.

Nouri J，Azadeh A，Fam I M. 2008. The evaluation of safety behaviors in a gas treatment company in Iran[J]. Journal of Loss Prevention in the Process Industries，21（3）：319-325.

Ojio Y，Mori R，Matsumoto K，et al. 2021. Innovative approach to adolescent mental health in Japan：school-based education about mental health literacy[J]. Early Intervention in Psychiatry，15（1）：174-182.

O'Neill S，McLafferty M，Ennis E，et al. 2018. Socio-demographic，mental health and childhood adversity risk factors for self-harm and suicidal behaviour in College students in Northern Ireland[J]. Journal of Affective Disorders，239：58-65.

Opricovic S，Tzeng G H. 2003. Defuzzification within a multicriteria decision model[J]. International Journal of Uncertainty，11：635-652.

Papadopoulos G，Georgiadou P，Papazoglou C，et al. 2010. Occupational and public health and safety in a changing work environment：An integrated approach for risk assessment and prevention[J]. Safety Science，48（8）：943-949.

Puhl R M，Suh Y，Li X. 2017. Improving anti-bullying laws and policies to protect youth from weight-based victimization：Parental support for action[J]. Pediatric Obesity，12（2）：e14-e19.

Qiao W，Liu Q，Li X，et al. 2018. Using data mining techniques to analyze the influencing factor of unsafe behaviors in Chinese underground coal mines[J]. Resources Policy，59：210-216.

Reul J M H M，Collins A，Saliba R S，et al. 2015. Glucocorticoids，epigenetic control and stress resilience[J]. Neurobiology of Stress，1：44-59.

Sands R G，Dixon S L. 1986. Adolescent crisis and suicidal behavior：Dynamics and treatment[J]. Child and Adolescent Social Work Journal，3（2）：109-122.

Santos G，Barros S，Mendes F，et al. 2013. The main benefits associated with health and safety management systems certification in Portuguese small and medium enterprises post quality management system certification[J]. Safety science，51（1）：29-36.

Sarper T，Tuba M，Evren T A，et al. 2017. Understanding the associations between psychosocial factors and severity of crime in juvenile delinquency：A cross-sectional study[J]. Neuropsychiatric Disease & Treatment，13：1359-1366.

Shayo F K，Lawala P S. 2019. Does bullying predict suicidal behaviors among in-school adolescents？A cross-sectional finding from Tanzania as an example of a low-income country[J]. BMC Psychiatry，19（1）：1-6.

Shen Y，Zhang Y，Chan B S M，et al. 2020. Association of ADHD symptoms，depression and suicidal behaviors with anxiety in Chinese medical college students[J]. BMC Psychiatry，20（1）:1-9.

Shi J，Chang D. 2022. Assessment of power plant based on unsafe behavior of workers through backpropagation neural network model[J]. Mobile Information Systems.

Song Y，Bai W，Wang M，et al. 2019. The association between psychological strain and suicidal behaviors among college students：A mental health survey in Jilin province，northeast China[J]. Journal of Affective Disorders，259：195-200.

Spiel C，Wagner P，Strohmeier D. 2012. Violence prevention in Austrian schools：Implementation and evaluation of a national strategy[J]. International Journal of Conflict and Violence (IJCV)，6（2）：176-186.

Stratman J L，Youssef-Morgan C M. 2019. Can positivity promote safety? Psychological capital development combats cynicism and unsafe behavior[J]. Safety Science，116：13-25.

Useche S A，Ortiz V G，Cendales B E. 2017. Stress-related psychosocial factors at work，fatigue，and risky driving behavior in bus rapid transport (BRT) drivers[J]. Accident Analysis & Prevention，104：106-114.

Vogel D L，Wester S R. 2003. To seek help or not seek help：The risk of self-disclosure[J]. Journal of Counseling Psychology，50（3）：351.

Vogel D L，Wester S R，Wei M，et al. 2005. The role of outcome expectations and attitudes on decisions to seek professional help[J]. Journal of Counseling Psychology，52（4）：459.

Wang W，Xie X，Wang X，et al. 2019. Cyber-bullying and depression among Chinese college students：A moderated mediation model of social anxiety and neuroticism[J]. Journal of Affective Disorders，256：54-61.

Xu S，Zou P X W，Luo H. 2018. Impact of attitudinal ambivalence on safety behaviour in construction[J]. Advances in Civil Engineering：1-12.

Xu X，Shi J. 2019. Research on the factors affecting safety behavior based on interpretative structural modeling. [J]. Cluster Computing，22（3）：5315-5322.

Zhou J，Yang J，Yu Y，et al. 2017. Influence of school-level and family-level variables on Chinese college students' aggression[J]. Psychology，Health & Medicine，22（7）：823-833.

附录 1：社会经历一般资料问卷

1. 您的性别			男		女	
2. 您的年龄						
3. 您是否为独生子女		是			否	
4. 您的家庭是否为单亲家庭		是			否	
5. 您觉得您的父母相处和睦吗	非常和睦	和睦	不清楚	不和睦	非常不和睦	
6. 您的家庭合计月收入（以近三年为准）	5 000 元及以下	5 001～8 000 元	8 001～11 000 元	11 001～14 000 元	14 001～17 000 元	17 001～20 000 元 / 20 000 元以上
7. 与所在地人均经济收入情况比较	高			低		
8. 父亲的文化程度	文盲或半文盲	小学	初中	高中	大学	研究生及以上
9. 父亲的性格偏向于	内向		不清楚		外向	
10. 父亲是否为独生子		是			否	
11. 母亲的文化程度	文盲或半文盲	小学	初中	高中	大学	研究生及以上
12. 母亲的性格偏向于	内向		不清楚		外向	
13. 母亲是否为独生女		是			否	
14. 与父母沟通时间	0.5h 以内	0.5～1h	1～2h	2～3h	3h 以上	
15. 沟通时父亲的回应	不但不答，还要训斥	无能力回答	避而不答	有时候做一些回答	圆满解答	
16. 沟通时母亲的回应	不但不答，还要训斥	无能力回答	避而不答	有时候做一些回答	圆满解答	
17. 在您眼中与父母的关系是	把父母看作上级	把父母看作监护人和帮助者	把父母看作监督咨询员和需要满足者	能够和父母做到相互容忍和尊重	和父母的关系能够根据需要的改变而变化	
18. 您的性格是	内向		不清楚		外向	
19. 您认为在大学与同学建立良好的人际关系重要吗	十分重要	重要	一般	随便	不重要	
20. 对于交友，您一贯的做法是	主动与陌生人搭讪		等待对方与自己交流		回避陌生人	

21. 您觉得您的人际关系如何	关系不错，我很满意		关系一般，勉强过得去		关系很差，自己很失败		不清楚
22. 您觉得您在您的大学生活中，结交了可靠的朋友吗		有		不清楚			没有
23. 您和室友的关系怎么样	非常好	好		一般	不好		非常不好
24. 您会在意别人对你的印象吗	很在意	在意		随便	不在意		很不在意

附录 2：企业员工心理咨询行为调查问卷

ZZ1. 我感到我是一个有价值的人，至少与其他人在同一水平上？
　　〇非常不同意〇不同意〇有些不同意〇一般〇有些同意〇同意〇非常同意
ZZ2. 我感到我有很多好的品质？
　　〇非常不同意〇不同意〇有些不同意〇一般〇有些同意〇同意〇非常同意
ZZ3. 我能像大多数人一样把事情做好？
　　〇非常不同意〇不同意〇有些不同意〇一般〇有些同意〇同意〇非常同意
ZZ4. 我感到自己值得自豪的地方不多？
　　〇非常不同意〇不同意〇有些不同意〇一般〇有些同意〇同意〇非常同意
ZZ5. 我时常感到自己毫无用处？
　　〇非常不同意〇不同意〇有些不同意〇一般〇有些同意〇同意〇非常同意
XN1. 如果我尽力去做的话，我总是能够解决问题的？
　　〇非常不同意〇不同意〇有些不同意〇一般〇有些同意〇同意〇非常同意
XN2. 即使别人反对我，我仍有办法取得我所要的？
　　〇非常不同意〇不同意〇有些不同意〇一般〇有些同意〇同意〇非常同意
XN3. 对我来说，坚持理想和达成目标是轻而易举的？
　　〇非常不同意〇不同意〇有些不同意〇一般〇有些同意〇同意〇非常同意
XN4. 我自信能有效地应付任何突如其来的事情？
　　〇非常不同意〇不同意〇有些不同意〇一般〇有些同意〇同意〇非常同意
XN5. 面对一个难题时，我通常能找到多个解决方法？
　　〇非常不同意〇不同意〇有些不同意〇一般〇有些同意〇同意〇非常同意
JJ1. 当你遭遇心理问题时，有同事、朋友或领导向你推荐过心理咨询师？
　　〇非常不同意〇不同意〇有些不同意〇一般〇有些同意〇同意〇非常同意
JJ2. 你听闻身边同事、朋友或领导有心理问题时，会去求助心理咨询师的帮助？
　　〇非常不同意〇不同意〇有些不同意〇一般〇有些同意〇同意〇非常同意
JJ3. 你听闻陌生人经历过心理咨询，你会去主动寻求专业心理咨询吗？
　　〇非常不同意〇不同意〇有些不同意〇一般〇有些同意〇同意〇非常同意
RZ1. 人际矛盾需要进行心理咨询？
　　〇非常不同意〇不同意〇有些不同意〇一般〇有些同意〇同意〇非常同意
RZ2. 生涯设计需要进行心理咨询？

　　○非常不同意○不同意○有些不同意○一般○有些同意○同意○非常同意

RZ3. 个性发展需要进行心理咨询？

　　○非常不同意○不同意○有些不同意○一般○有些同意○同意○非常同意

DX1. 在家庭、学习、工作、生活方面遇到困难的人是心理咨询的对象？

　　○非常不同意○不同意○有些不同意○一般○有些同意○同意○非常同意

DX2. 精神病人是心理咨询的对象？

　　○非常不同意○不同意○有些不同意○一般○有些同意○同意○非常同意

DX3. 正常人不需要进行心理咨询？

　　○非常不同意○不同意○有些不同意○一般○有些同意○同意○非常同意

HD1. 我知道去哪进行心理咨询？

　　○非常不同意○不同意○有些不同意○一般○有些同意○同意○非常同意

HD2. 我知道找谁进行心理咨询？

　　○非常不同意○不同意○有些不同意○一般○有些同意○同意○非常同意

HD3. 我知道如何寻求心理咨询？

　　○非常不同意○不同意○有些不同意○一般○有些同意○同意○非常同意

WM1. 假如我去寻求心理咨询师的帮助，我会觉得对自己很没有用？

　　○非常不同意○不同意○有些不同意○一般○有些同意○同意○非常同意

WM2. 寻求专业心理帮助会让我自己觉得自己不够聪明？

　　○非常不同意○不同意○有些不同意○一般○有些同意○同意○非常同意

WM3. 寻求心理咨询师的帮助会让我觉得自卑？

　　○非常不同意○不同意○有些不同意○一般○有些同意○同意○非常同意

YX1. 把你自己的个人信息暴露在咨询师面前难度很大？

　　○非常不同意○不同意○有些不同意○一般○有些同意○同意○非常同意

YX2. 如果把你非常私人的事情，从来没有跟人提及的事情透露给咨询师，会给你带来很大伤害？

　　○非常不同意○不同意○有些不同意○一般○有些同意○同意○非常同意

YX3. 在对咨询师进行个人信息及事情的表露后，会陷入持续焦虑或其他负面的情绪状态？

　　○非常不同意○不同意○有些不同意○一般○有些同意○同意○非常同意

XX1. 如果把你的心理问题表露出来，心理咨询会给你带来很大的好处？

　　○非常不同意○不同意○有些不同意○一般○有些同意○同意○非常同意

XX2. 如果对咨询师坦白悲伤或焦虑的感情，你会感觉很舒服？

　　○非常不同意○不同意○有些不同意○一般○有些同意○同意○非常同意

XX3. 在对咨询师进行事情或问题的表露后，对所表露事情或问题的认知更加全面、清晰？

　　○非常不同意○不同意○有些不同意○一般○有些同意○同意○非常同意

YC1. 你更愿意接受电话心理咨询?

　　○非常不同意○不同意○有些不同意○一般○有些同意○同意○非常同意

YC2. 更愿意接受网络心理咨询?

　　○非常不同意○不同意○有些不同意○一般○有些同意○同意○非常同意

YC3. 你希望更少的人知道你进行了心理咨询?

　　○非常不同意○不同意○有些不同意○一般○有些同意○同意○非常同意

YC4. 假如心理咨询完全隐匿个人信息,没有任何人知道你进行了心理咨询,你就更愿意接受心理咨询?

　　○非常不同意○不同意○有些不同意○一般○有些同意○同意○非常同意

后　　记

本书运用扎根理论、解释结构模型和 Fuzzy-DEMATEL 模型对个体危机行为的影响因素进行了研究，并利用系统动力学模型对系统进行了仿真分析，总结了相关的管理对策和建议，形成了较为全面的研究体系。由于个体危机行为防控涉及的影响因素较为复杂，且受到研究时间的限制，研究仍存在不足之处，后续值得探讨和深入的地方可以从以下几个方面进行。

（1）本书对个体危机行为的影响因素的获取主要来源于文献与访谈，研究中只选取了关键因素，未涉及全部影响因素，虽然具有一定的代表意义，但并不能全部涵盖，因此可以对影响危机行为的关键影响因素和直接影响因素开展后续研究，况且个体危机行为的发生是一个长期复杂的过程，如何在行为的发生及传播过程中选取关键影响因素，是今后的一个研究重点。

（2）本书的仿真阶段在对一些变量进行选择和采集数据的过程中，由于其中一些变量无法进行量化，采取了主观性的专家打分方法，缺乏一定的合理性和科学性，也会出现无法避免的误差，这些也是今后研究中需要关注的地方。

（3）在两种团体的危机行为研究中，为了方便模型的仿真，对系统中的逻辑关系进行了简化，也会使研究结果与实际情况存在偏差。

（4）本书虽然分析了个体危机行为影响因素之间的关系，但行为具有传播复制性，个体自身行为与个体之间的行为通过哪些路径进行危机行为的传播与加强、哪些影响因素加强了危机行为的传播等，仍需要结合新的视角、研究方法进行深入研究。